JÖRG OPITZ

Gestatten.
Mein Name ist Roni.

Wahre Kurzgeschichten
aus meinem Hundeleben

RONIS
WORLD

© Copyright 2019. Jörg Opitz

Erschienen im Eigenverlag.
Jörg Opitz, Hauptplatz 15, 8720 Knittelfeld
Tel.: 0043 /699 / 11224767
E-Mail: roni@ronis-world.com
Web: www.ronis-world.com

Umschlag © Jörg Opitz
Fotos © Jörg Opitz
Druck: Sowa
Lektorat: Mag. Ulrike Seidl, Mag. Birgit Leitner
1. Auflage 2019

ISBN 978-3-200-06573-4

9 783200 065734

Inhalt

Wer in diesem Buch die Hauptrolle spielt

Mein Herrl ist es nicht und auch nicht mein Frauerl. Die spielen hier nur die Nebenrollen und sind gewissermaßen Statisten. Nein, so schlimm ist es nun doch nicht. Ich liebe meine zwei und ohne die beiden wäre ich schon ziemlich aufgeschmissen. Woher würde ich ohne meine beiden Lieblinge dann wohl meine zart rosa gedünstete Leber bekommen?

Da bin ich also. Mein Name ist Roni. Geboren bin ich am 29. Oktober 2018 als eines von sechs Hundebabys. Meine Mama Netty von Bad-Box ist Miss World. Mein Papa, Iniesta vom Leithawald, steht meiner Mama aber auch um nichts nach und ist ein echt toller Kerl. Laut Stammbaum heiße ich eigentlich Othello vom Leithawald. Lasst euch das einmal auf der Zunge zergehen: Oootheello. Was für ein Name. Ich bin ein waschechter Altdeutscher Schäferhund. Das sind diejenigen, bei denen genetisch wohl ein wenig daneben gegangen ist. Ich habe nämlich megamäßig lange Haare, langhaarstockig mit Unterwolle nennt das der Experte. Was für eine Augenweide. Meine Geschwister Olex, Olf, Omorfos, Odea und Odet sind hingegen ganz normale Schäferhunderln, denen diese Haarpracht fehlt.

Am Anfang habe ich ausgesehen wie ein kleines Wollknäuel und es war fast unvorstellbar, dass daraus einmal ein Schäferhund werden sollte. Da sind wildfremde Leute auf mich zugekommen und haben sich gar nicht eingekriegt und mich von vorne bis hinten durchgeknuddelt. Kindchenschema nennt man das, hat mich mein Herrchen aufgeklärt. Na ja, der muss es ja wissen, der ist ja der Werbeexperte. Sogar fotografiert haben's mich und der Hype hat bis heute angehalten, obwohl ich jetzt schon ein ziemliches Bröckerl bin. Ich bin also schon von Geburt an ein schwarz-braunes und sehr gut behaartes Unikat. Und da sind wir schon beim zentralen Thema dieses Buches, dem langzotteligen Roni, also meiner Wenigkeit. Mittlerweile bin ich ja schon fast ein Jahr hier in der Steiermark und ein echter Schlingel. Da ich ziemlich viel anstelle, gehen meinem Herrl die Roni-Geschichten nicht aus. Alltagsgeschichten und lustige, und das in großer Anzahl. Um so manche meiner Abenteuer als lustig empfinden zu können, muss man wahrscheinlich ein wenig die Züge eines Phlegmatikers haben.

Mein Schatz, der dieses Buch für mich geschrieben und meine Gedanken geordnet hat, ist ein ganz lieber, ruhiger, nicht zu Affekten neigender, ausgeglichener Mann. Was bei meinen, gerade jetzt in der Pubertät überschießenden, Gehirnströmen ein wahrer Segen ist. Für mich und mein Hundeleben ist er der ruhende Pol, der Fels in der Brandung meiner Eskapaden und Tollpatschigkeiten. Herrchen und Frauchen meinen außerdem, ich sei besser und vor allem amüsanter als jedes Fernsehprogramm, wenn sie mir, ihrem pelzigen vierbeinigen Dickschädl, so zusehen. Weil vieles, was mir so zufällig, beziehungsweise auch nicht so ganz zufällig passiert, sehr witzig anzuschauen ist, gibt es bei einigen meiner Geschichten in diesem Büchlein auch das eine oder andere Schwarz/Weiß-Foto. Wem ich in Schwarz/Weiß nicht genüge und wer mich in Farbe, also in Natura, sehen und kennlernen will, den lade ich gerne zu mir in die Firma meines Herrchens am Knittelfelder Hauptplatz ein.

Liebe Leser, liebe Hundefreunde und auch diejenigen, die es noch werden wollen: Freut euch auf einen tierischen Lesespaß aus meinem Hundeleben. Unterhaltsam, witzig und emotional. Für diejenigen die noch keinen Hund haben, aber sich einen anschaffen wollen: Lasst euch bitte nicht von meinen Eskapaden und Tollpatschigkeiten abschrecken. Ein Hund, vor allem einer so wie ich es bin, ist eine absolute Bereicherung. Meistens zumindest. Nun wünsche ich euch viel Spaß beim Lesen! Euer Roni.

Im Land der Riesen

Als ich noch ein Baby war - und das ist noch nicht lange her - fühlte ich mich mit meinen kurzen Fußerln wie ein Zwerg im Land der Riesen. Nicht nur, dass ich mich in meinem neuen Heim erst zurechtfinden musste, es war alles, aber auch wirklich alles einfach mindestens eine Schuhnummer zu groß für mich. Zum Beispiel hat mein Herrl den Teppich im Wohnzimmer zusammengerollt. Da hatte ich keine Chance, ich kam einfach nicht drüber über die dumme Rolle und das, obwohl diese sicher nicht mehr als zehn Zentimeter hoch war. Allein schaffte ich das nicht, auch nicht bei aller Anstrengung. Ich glaube, ich habe mich damals bei meinen Versuchen drüber zu kraxeln ziemlich oft zum Deppen gemacht. Aber das Ganze hatte für mich natürlich auch was sehr Angenehmes zur Folge. Ich wurde dauernd gehoppert und gleichzeitig jedes Mal ganz toll geknuddelt. Und meine Futterschüsseln erst, die waren so riesig, dass ich darin hätte schlafen können. Geschweige denn, dass es mir möglich war, daraus bequem herauszufressen. Auch das Sofa, auf das ich so gerne geklettert wäre, um mit Frauchen und Herrchen zu kuscheln, war einfach unerreichbar für mich. Aber auch unter dem Sofa, war es recht gemütlich und ich fühlte mich hier wie in meiner eigenen Höhle. Nur einmal, da ist mir der Schreck so richtig in die Glieder gefahren. Ich steckte fest. Unter dem Sofa. Da bin ich wohl beim Schlafen - und ich habe zu dieser Zeit wirklich fast den ganzen Tag verpennt - etwas zu tief reingerutscht. Es gab kein Nach-vorne und kein Zurück und es kam schon ziemliche Panik in mir hoch. Was, wenn ich jetzt für immer hier feststeckte? Bis mich die rettende Hand meines Frauerls aus meiner misslichen Lage befreit hat. Mein Gott, ich war ihr so dankbar für meine Rettung. Es war ja auch sehr schön und fürsorglich von meinen zwei Lieblingen, dass ich schon bei meiner Ankunft ein eigenes Hundebett mein Eigen nennen durfte. Aber auch hier die gleiche Schererei. Ich bin nicht von selbst hineingekommen. Außerdem stehe ich nicht so auf Hundebetterln, damals nicht und jetzt schon gar nicht. So erachtete ich die Dinger einfach als mein Spielzeug, vor allem zum Zerbeißen waren die Stoffbetterln einfach herrlich. Hundesofas sind mir viel zu warm und auch zu weich. Ich bin eher der Purist und bevorzuge das Nickerchen direkt am Boden auf kühlen Fliesen, auf meiner Gartengarnitur, und wenn mich keiner sieht, auf dem Wohnzimmersofa.

Ich hatte und habe auch heute noch eine große Leidenschaft: Ich steh' auf Schuhe. In allen Farben, Formen und Größen, gleichgültig ob für Damen oder Herren. Sobald wer auf seine Schucherl vergisst, schleich ich mich an und schwuppdiwupp, sind sie auch schon weg. Ich bin also offensichtlich ein kleptomanisch veranlagter Schuhfetischist. Meine Psychologin würde sagen, ich verspüre beim Klauen den gewissen Kick, den Nervenkitzel, der zu einer inneren Belohnung und Spannungsminderung führt. Meine liebe Psychotante, da triffst du aber genau ins Schwarze. Leider merkt man den Diebstahl gleich an meinem Gang, den man als leicht tänzelnd und erhobenen Hauptes beschreiben kann. Heute bereiten mir die mehr oder weniger gut riechenden Schuhe keine Probleme mehr, aber als Mini hab ich mich da schon richtig abgemüht. Wenn's nicht gerade der blaue, superweiche Giesswein-Patschn meines Herrls war - übrigens mein Topfavorit - hatte ich an den Schuhen schon ziemlich zu kiefeln. Vor allem die Holzsandalen und Lederstiefel, das sind vielleicht unhandliche und schwere Treter. Aber die Mühe hat sich meistens gelohnt, haben diese doch ganz weiches Holz oder saftiges Leder, was für meine Milchzahnderl bestens geeignet war. Und geschmeckt haben sie mir auch noch.

Zu Hause gab es für mich außerdem so viel Neues zu entdecken. Die Zimmerpflanzen hatte ich natürlich sofort im Visier und erst die Teppiche. Oh mein Gott, die Teppiche, vor allem die mit den Fransen. Aber alles war zu hoch oder zu schwer für mich. Eines der wenigen Dinge, die so einigermaßen meiner Größe entsprachen, waren die ordentlich geschlichteten Steckerln unter dem Ofen. Da haben meine Hundeaugen geleuchtet! Und wenn ich wieder mal „Ordnung" gemacht habe, ob bei den Schuhen, den Teppichfransen oder bei den Holzklötzen unter dem Ofen, dann wurde so richtig mit mir geschimpft. Manchmal glaube ich echt, die wussten gar nicht, was sie an mir haben.

Das Missliche an der ganzen G'schicht war, dass es mir nicht nur in den eigenen vier Wänden so ging, auch in unserem Garten war alles zu groß, zu hoch oder zu breit. Ganz furchtbar waren die Stiegen von der Terrasse zur Wiese hinunter und wieder hinauf. Weil ich es immer sehr eilig hatte, musste ich da so aufpassen, dass es mich nicht auf mein Schnauzerl haut mit meinen kurzen Minifüßchen. Aber auch hier fand mein Herrl ein Lösung. Schnell wurde mir eine Art Brücke über die Stufen gebaut. So konnte ich sicher, ohne zu hasardieren, meine geliebte Spielwiese erreichen und auch wieder zurückkommen.

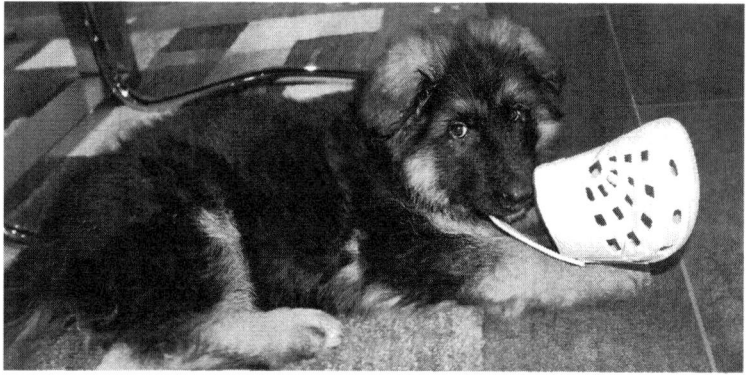

Das mit meiner Kleinwüchsigkeit hatte sich allerdings bald erledigt, denn ich wuchs echt rasend schnell. Ich glaube, mein Frauerl würde sich mich manchmal wieder klein wünschen. Zumindest so klein, dass ich auf dem Tisch nicht nach dem Essen schauen kann, damit der Sprung aufs Sofa oder ins Ehebett schwieriger wird oder einfach nur, um meiner grenzenlosen Neugierde ein klein wenig Einhalt zu gebieten. Aber auch mein Frauerl wird einsehen müssen, dass nicht alle Wünsche in Erfüllung gehen. Kleiner werde ich nicht mehr werden, das steht fest, viel größer beruhigenderweise aber auch nicht. Außerdem hat meine Größe mittlerweile für mein Herrchen und mein Frauerl doch einige Vorteile. Nicht nur, dass ich eine beeindruckende Persönlichkeit geworden bin und jeden Eindringling mit meiner sonoren Stimme in die Flucht treibe, ich bin jetzt auch selbstständig in der Lage, auf mein Platzerl in den Kofferraum zu springen. Das schont nicht nur das Kreuz der beiden, sondern beugt auch einem Bandscheibenvorfall vor. Größe und Gewicht stagnieren seit einiger Zeit. Was seit meiner Pubertät aber weiter rasend zunimmt, ist meine Neugierde. Aber das hat auch etwas Gutes, es wird noch viel mit mir zu erleben geben und noch mehr über mich zu erzählen.

Wo, bitte, ist das Klo?

Mittlerweile habe ich das stattliche Alter von 5 Monaten erreicht und schaue schon ein bisschen mehr nach Hund aus. Was mich, ehrlich gesagt, richtig stolz macht, auch wenn mein Herrl ab und zu meint, in der Birne sei ich noch ein Baby. Und Frauerl widerspricht dann immer vehement. Ja, mein Frauerl, das habe ich ja soo gern. Da werde ich geknuddelt und geherzt. Das ist so was von super. Ich glaube, sie hat sich echt in mich verliebt. Aber ich bin ja auch ein richtiger Frauenschwarm, mein Herrl sagt auch immer wieder, ich wäre ein waschechter Womanizer. Was auch immer das bedeutet. Aber wenn er meint...

Das mit dem Lackimachen ist schon so eine Krux. Da kapier' ich offensichtlich gewisse essenzielle Dinge nicht ganz. Herrl und Frauerl dürfen das im Haus erledigen, sie haben sogar ein eigenes Zimmer dafür. Ich hingegen muss immer raus ins Freie. Ganz egal, ob es draußen schneit oder regnet, echt bei jedem Hundewetter. Neugierig, wie ich bin, habe ich mich letztens mal in deren Lacki-Zimmer geschlichen. Da steht so eine mit Wasser gefüllte kleine Wanne, die mit dem Boden verbunden ist. Komisch. Für was das wohl da ist? Wie das funktionieren soll ist mir schlicht ein Rätsel.

Mein Frauerl hat geglaubt, sie ist besonders schlau. Sie gibt mir immer, wenn ich draußen etwas ordnungsgemäß erledige, ein Leckerli. Tja, da bin ich aber viel, viel schlauer. Einmal Lackimachen ist gleich ein Leckerli, zweimal Lackimachen sind zwei Leckerli, dreimal Lackimachen sind drei Leckerli. Das wäre dann doch die Gleichung. Offensichtlich schlummert in mir ein wahres Mathematikgenie. Was folgert der kluge Mathematiker? Ein Tröpfchen Lacki ergibt ein Leckerli, ein weiteres noch ein Leckerli usw. Es kommt also auf die Dosierung an. Leider hat mein Herrl meine Pinkel-Rationalisierung durchschaut. Pahh, so ein Spielverderber. Jetzt werde ich nur noch ausgiebig geherzt. Ist aber auch nicht so übel.

Ich glaube, das war schon eine ganz besondere Stresssituation für Herrchen und Frauchen. Vor allem für mein Frauerl, weil die musste mit mir auch in der Nacht nach draußen und das mindestens zweimal. Und das im Jänner, sogar mir war's da draußen zu kalt mit meinem Fell. Da hat sie mir schon megamäßig leid getan, zumal ich ja auch nicht auf Kommando konnte. Auch mein Herrl, der ja ansonsten sehr ausgeglichen ist, ist da schon manchmal ausgezuckt. Denn kaum bin ich rein in die warme Stube, ist's geronnen. Hatte er ein Lacki weggewischt, habe ich schon woanders wieder eins gemacht g'habt. Mein Hauptproblem war auch, dass ich beim Pinkeln immer ein paar Schritte herumgetanzt bin, sodass sich meine Lackerln durch eine mehrere Meter lange Spur auszeichneten.

Unser ganzes Haus roch wie ein frisch desinfizierter OP-Saal, unser Lysoform-Verbrauch stieg in diesen sechs Wochen meiner Inkontinenz ins Unermessliche. Und wie das Zeug gestunken hat, das war sogar mir dann irgendwann zu viel. Geschweige denn, was wir erst an Küchenrollen verbraucht haben. Herrchen hat dann Frauchen auch noch eine Schwarzlichtlampe gekauft, um übersehene Spuren zu beseitigen.

Ganz allgemein hat sich dieses leidige Thema aber nach einigen Wochen ziemlich erledigt g'habt und die Situation entspannte sich merklich. Ich glaube, das mit dem Lackimachen im Wohnzimmer, in der Küche oder wo ich gerade gestanden bin, hat alle ziemlich gestresst. Mich natürlich am meisten, eh klar. Nur wenn ich mich ganz toll freu', geht jetzt noch was auf den Fußboden. Aber wirklich nur ganz selten. Und auch nur ganz wenig. Versprochen.

Die Post bringt auch Hunden was

Normalerweise bekomme ich ja jede Menge Fanpost von ganz lieben Menschen, denen meine Geschichten im Magazin meines Herrchens sehr gefallen und die sich offensichtlich sehr darüber amüsieren. Aber neulich hat mir ein ganz besonderer Fan geschrieben, dem meine sonore Stimme zu laut ist. Doch was soll ich jetzt sagen. Es liegt wohl in der Natur eines Hundes zu bellen. Bellen gehört zu einem gesunden Hund wie der Schnee zum Winter. Natürlich beachte ich aber die Gesetzeslage und mache mich lautstark nie und nimmer mehr als zehn Minuten bemerkbar. Pro Tag wohlgemerkt. Und das in den erlaubten Zeiten von morgens bis abends um zehn Uhr. Ich bin doch kein Verbrecher.

Aber beginnen wir am Anfang. Als ich noch ein kleines Butzi war, war ich ja noch stumm. Da konnte ich mich nur bemerkbar machen, indem ich irgendwo ein kleines Lackerl gemacht habe. Natürlich, und wenn es mir möglich war, im Haus und nicht irgendwo draußen im Garten.

Das ging so weiter bis ich circa vier Monate alt war. Ich meine das Nichtbellen, nicht das in das Haus pinkeln. Von dem habe ich meine zwei Lieblinge nach etwa sechs Wochen erlöst.

Es fing mit einer Art Krächzen an. Da haben Herrl und Frauerl gelacht und sich gefreut, dass ich schon im Stimmbruch bin. Da ich aber recht flott gewachsen bin, kann ich heute stolz sagen, dass sich meine Stimme proportional zu meiner Körpergröße entwickelt hat. Und dann war es endlich soweit: Mein erster richtiger Beller, mein ultimatives überdrüber Aha-Erlebnis.

Und da ich ein richtiges Sensibelchen bin und mich vor allem, wenn es draußen dunkel wird, furchtbar fürchte, bleibt mir nichts anderes übrig als mögliche Eindringlinge und solche, die es vielleicht noch werden würden, mit Gebell zu verjagen. Wobei mein Gebell einige Sekunden dauert. Also echt kein Malheur. Mein Herrl hat trotzdem immer mit „Roni psst", „Roni, lass das!" und anderen Methoden versucht, mir das auch noch zu vermiesen.

Und eines Tages bekam ich Post. Ihr wisst ja, die Post bringt allen was und offensichtlich auch Hunden. Ich bekam sogar einen handgeschriebenen Brief. Wo gibt es denn heute so was noch? Offensichtlich war der Verfasser oder die Verfasserin nicht sehr PC-fit. Und siehe da. Da fühlte sich jemand durch mein Gebell gestört. Na hör mal, wo kommen wir denn da hin, ich verbiete ja auch keinem Menschen zu reden. Na ja, was soll's. Auf jeden Fall standen da total obskure Sachen drinnen. Dass ich angeblich zweieinhalb Stunden durch belle. Derweil kratzt mein Hals ja eh schon nach drei Bellern. Ich finde, diese Unterstellung ist eine echte Frechheit. So viel Zeit verbringe ich ja gar nicht zuhause, weil ich darf ja immer mit in die Firma meines Herrchens.

Auch uralte OGH-Entscheidungen wurden in dem Briefchen zitiert. Nur zur Vollständigkeit für den oberschlauen Schreiber: Der OGH geht in einer Entscheidung aus dem Jahre 2007 davon aus, dass das Bellen eines Hundes untrennbar mit seiner Haltung verbunden ist. Hunde, die nicht bellen, sind erfahrungsgemäß die seltene Ausnahme. Und wie ich meine, sind diese Nichtbeller ziemlich arme Viecherln.

Und mein Herrl, der war erst sauer. Der hat gesagt, wer sich in der Anonymität versteckt und nicht einmal seinen Namen unter das Brieferl setzt, der kann ihn mal… das will ich jetzt nicht sagen. Außerdem meint er, wenn man was zu meckern hat, kann man auch vorbeikommen und das kundtun und es sich ausreden wie es sich für einen gut erzogenen und gebildeten Nachbarn gehört. Auf jeden Fall steht da auch jede Menge Quargel drinnen über Hundeerziehung und so weiter. Jetzt sag ich euch mal was, ihr Oberschlauen, ich werde perfekt und mit viel Liebe und Konsequenz erzogen. Außerdem: Wenn ihr euch schon so wichtigmachen wollt, müsstet ihr wissen, dass sich in unserer Nachbarschaft mehrere Hunderln befinden und die höre ich auch immer ganz toll und das immer, wenn ich gerade beim Einschlafen bin.

Ein einziges Mal habe ich - ich gestehe - wirklich etwas länger gebellt. Es war für mich ein sehr aufregendes Erlebnis. Es dämmerte bereits, da hörte ich ein Rascheln im Garten. Obwohl ich schon hundemüde war, ließ mich meine Neugierde nicht zur Ruhe kommen. Also nix wie hin zum verdächtigen Rascheln. So etwas hatte ich noch nie gesehen. Eine kleine schwarze runde Kugel übersät mit unzähligen Stacheln. Oh Gott, was ist denn das? Das habe ich nervlich dann nicht so ganz gepackt und bin regelrecht ausgezuckt. Das Bellen hat aber nix geholfen, das kugelige Etwas hat sich nicht gerührt. Das Anstupsen mit meiner Schnauze war die zweitbeste Idee. Ui, das hat vielleicht gestochen. Aber irgendwie hat mich die Stachelkugel total fasziniert, sodass ich mich nicht von ihr trennen konnte. Da ist mir dann mein Herrchen zu Hilfe gekommen, der sich sehr über mein Krächzen - Bellen konnte man das nämlich nicht mehr nennen - gewundert hat. Ihr müsst nämlich wissen, dass Igelbellen total anders klingt als normales Bellen, als wäre ich gerade im Stimmbruch. Und wisst ihr was, mein Herrchen hat gelacht und mich auch noch schulmeisterlich aufgezogen, dass ich den armen Igel doch in Ruhe lassen soll.

Mein Haus, meine Familie, mein Garten - genau das steht bei uns am Gartentürl und ich finde, daran sollte sich auch der Igel halten. Mittlerweile kenne ich die kugeligen Stachelfreunde aber schon und lasse mich kaum mehr von ihnen beeindrucken. Ich gehe einfach meiner Wege.

Um jetzt den Briefschreiber oder die Briefschreiberin zu beruhigen. Ich fühle mich durch den Brief tief gekränkt und besuche seitdem regelmäßig die Psychologin, damit ich nicht in eine Depression falle, die sich in unkontrollierten Bellorgien äußern könnte. Übrigens: Meine Psychologin ist nicht nur für Hunde da.

Büroalltag mal anders

Eigentlich bin ich ja in einer gesegneten Situation. Den ganzen Tag habe ich meine zwei Lieblinge um mich. Weil, was ich gar nicht mag, ist alleine zuhause zu bleiben. So darf ich jeden Tag mit meinem Herrl mit in seine Firma. Da gibt's dann noch zwei Frauerln, die Verena und die Birgit. Die habe ich beide auch ganz toll lieb, weil sie mich immer knuddeln. Die Verena ist die strengere von den beiden. Da gibt's schon mal was, wenn ich mich so ganz leise an ihren Papierkorb schleiche und die Unordnung da drinnen sortieren will.

Was die drei da an ihren Platzerln machen, weiß ich nicht so genau. Sie sitzen da und tippseln auf einer schwarzen Tastatur und schauen in große viereckige Kasterln. Muss ja megamäßig spannend sein, was die da machen. Sie halten das wirklich stundenlang durch. Und was bleibt Hund da noch anderes übrig als sich gemütlich aufs Ohr zu hauen. Mein Lieblingsplatzerl ist bei der Tür, da zieht's unten ein bisserl rein. Da lässt es sich herrlich büseln. Außerdem ist es im Büro meines Herrls auch im Sommer so richtig schön kühl, weil er sich eine Klimaanlage installieren hat lassen. Das war zwar schon vor meiner Zeit, aber ich darf das jetzt genießen. Irgendwann ist aber auch der bravste Hund ausgeschlafen und dann mache ich halt „Programm" mit den dreien. Mistkübel sind eine meiner Leidenschaften. Vor allem der, in dem der Plastikmüll gesammelt wird. Ich habe nämlich ein absolutes Faible für leere Mineralwasserflaschen. Kopf rein, mal schauen ob's was gibt und dann raus mit der Plastikflasche. Und reingebissen. Mein Gott, wie das herrlich kracht. Und dann rennen's mir schon nach. „Roni, lass das! Roni gib das her! Roni, du Bratl!" Und je mehr sie schimpfen, umso mehr Freude habe ich dabei, die drei auf Trab zu halten. Leider hat mein Herrl vieles in Sicherheit gebracht. Früher hatte ich auch Spaß an den Regalen, am Ficus, eben an allem, was für mich beißbar in der richtigen Höhe war. Jetzt hat der Spielverderber alles hochgeräumt. Der Ficus steht jetzt zwei Meter hoch und streift schon die Decke, die Regale sind unten leer, dafür stapelt es sich oben. Aber manchmal vergessen sie auf die Schachtel mit den vielen Computerkabeln. Da kann ich schon selbst den Deckel runterziehen. Jipiiehh! Und dann geht's los, das alte Telefonkabel ist mir am liebsten. Aber auch Monitorkabel sind nicht zu verachten. Wenn ich ganz überdreht bin, kommt die Verena und fängt an mit mir zu üben. Da hat sie mir Leckerlis auf meine Pfoten gelegt und ich durfte sie nicht schnappen. Ach ich sag euch, das war am Anfang vielleicht eine Überwindung. Mittlerweile kann ich das aber im Schlaf. Und letztens hat sie immer was von „High Five" daher gequasselt und hat meine Pfote hochgehalten. Woher soll ich denn bitteschön wissen, was die da wieder meint, ich bin doch nicht high und five schon gar nicht. Aber, und das ist wirklich das Beste an den ganzen Blödsinnigkeiten, die man mit mir macht, ich bekomme immer ein Leckerli, wenn ich was richtig - oder sagen wir mal, ansatzweise richtig gemacht habe.

Jetzt, wo ich ja schon ein bisserl größer bin, komme ich auch auf das Bürosofa. Das ist wirklich klein, aber für mich super. Und ihr werdet es nicht glauben, da darf ich sogar rauf. Mein Herrl meint, das ist sowieso nur ein Staubfänger und wenn er es zerbeißt - mit er bin wohl ich gemeint - dann können wir es wenigstens entsorgen. Aber da hat er die Rechnung ohne mich gemacht. Ich knabbere nämlich nur an Sachen, die ich nicht anknabbern darf. So ist das Agentursofa zu meinem zweiten Lieblingsplatzerl geworden. Neuerdings bin ich auch draufgekommen, dass ich beim Mittagessen mitmachen könnte. Mein Gott, waren die vielleicht sauer als ich die Nase in den Teller gesteckt habe. Derweil habe ich das zuhause beim Müsli von meinem Herrl auch gemacht. Hat er damals aber offensichtlich nicht mitbekommen. Auf jeden Fall stampern's mich dann alle drei. Und wollen, dass ich auf meinen Platz gehe und auch dortbleiben soll. Aber es riecht halt soooo gut, was die da mampfen. Das ist schon eine ziemliche Schweinerei. Die hauen sich Nudeln mit Kürbiskernpesto oder Knödel mit Ei rein und ich soll auf meinen Platz. Pahh. Das Leben ist echt ungerecht.

Aber es gibt ein absolutes Highlight: Wenn mich mein Frauerl kurz besuchen kommt. Ich glaub, die ist jetzt mit ihrer Firma auch im selben Gebäude, weil sie jetzt viel öfter vorbeischaut. Am liebsten ist es mir sowieso, wenn meine beiden Lieblinge, also Frauerl und Herrl, um mich sind, da fühle ich mich so richtig pudelwohl. Pudelwohl? Darf ich das als richtiger Schäferhund eigentlich sagen oder heißt das bei mir dann schäferwohl? Egal. Dann ist die Welt in Ordnung. Mit oder ohne Kürbiskernpesto.

Schule muss sein

Ich glaub ich war grad mal so zehn Wochen alt, da haben's mich schon in die Hundeschule geschliffen. Neugierig war ich, aber ein bisserl Bammel hab ich auch g'habt. Lauter fremde Artgenossen, Große, kleine. Einige haben sooo kurze Haare g'habt. Unglaublich. Als wären sie grad unter den Rasenmäher gekommen. Die haben mich ein bisserl an mein Herrl erinnert, wenn er mit seiner Haarschneidemaschine herumhantiert. Das Resultat sieht man dann im Sommer, das ist sogar für einen Hund ein wenig zum Schmunzeln. Und die kleinen Hunderln, die waren noch winziger als ich. Vor denen hatte ich am meisten Respekt. Was die mich immer angekläfft haben. Das war Stress pur. Irgendwie haben wir es dann in den Trainingsbereich geschafft. Training ist wohl etwas zu hoch gegriffen. War wohl eher so eine Art Abenteuer-Hundekindergarten. Da gibt's eine Brücke, wo man drüber laufen kann und einen Tunnel und baumelnde Flaschen und und und. Mir hat das immer getaugt. Rauf und runter und mitten hinein.

Auf Fit und Fun folgte nach ein paar Wochen der Hundegrundkurs. Unser Chef war der Reinhard. Den kenne ich schon lange, weil er meinem Frauerl und Herrl beim Umgang mit mir geholfen hat. Den hab ich eigentlich ganz toll lieb. Aber da hieß es dann plötzlich Sitz und Platz und noch vieles mehr. Ich muss schon sagen, da hat mir der Babykurs mehr getaugt. Jetzt halten's mir ein Leckerli vor die Nase und ich soll dem nachgehen, zum Beispiel zwischen Hüterln durch und wieder zurück.

Übrigens: Leckerli ist nicht gleich Leckerli. Mein Herrl nimmt gerne so kleine Dinger, die schmecken echt gut. Dann kriegt er's aber vom Reinhard, weil die Dinger angeblich zu klein sind und leicht aus den Fingern rutschen. So wurde von Käse über die Extra bis zur Braunschweiger alles probiert, um mich bei Laune zu halten. Mein absoluter Geheimtipp, bei dem sogar ich mich nicht beherrschen kann, sind frisch gekochte Innereien wie Leber, Herz und Lunge.

Einmal hat der Reinhard so einen kleinen Käfig mitgehabt und damit vor unseren Schnauzerln herumgefuchtelt. Angeblich nennt man das Ding Beißkorb. Da wurden Leckerli reingelegt und wir mussten sie rausholen. Langsames Heranführen an den Beißkorb oder so ähnlich haben's dazu g'sagt. Ein Kinderspiel für einen bechererprobten Hund wie mich. Ich habe nämlich schon mein Geheimtraining gemacht. Na ja, sagen wir mal, ich habe eine Schwäche für Joghurt. Da dieses immer in so unhandlichen Bechern klebt, muss ich mein Schnauzerl ganz tief hineinstecken, um an die delikate Creme zu kommen. Das ist das ultimative Beißkorbtraining in der Praxis. Aber soll ich euch ganz ehrlich was sagen. Nach ein paar Minuten reicht mir das Herumgetue in der Hundeschule meistens. Da kann mein Herrl machen was er will. Dann setz ich mich hin und die können mich alle mal. Vor allem wenn's recht warm ist und die Sonne runterheizt, bin ich mit meinen langen Zotteln eh ein armer Hund. Puh, ist mir da immer heiß. Da will ich dann schon gar nicht mehr. Und weil ich so stur bin und keinen Schritt mehr gehe – egal mit was sie vor meiner Nase rumfuchteln - durften wir auch einmal früher heim. Zuhause bin ich dann – so gar nicht müde - durch den Garten geflitzt und mein Herrl hat geschimpft, dass ich mich vor der Hundeschule drücke.

Aber Schule muss sein. Sitz, Platz und so manch anderes kann ich schon. Vor allem aber die eher entbehrlichen Dinge wie High-Five mit rechter und auch mit linker Pfote. Aber schließlich und endlich ist ja noch kein Meister vom Himmel gefallen. Außerdem heißt es ja: Gott gab es den Seinen im Schlafe. Deswegen haue ich mich jetzt aufs Ohr und vertraue auf meine göttliche Eingebung für „Fuß", „Hier", „Aus" und so weiter.

Wer soll sich da noch auskennen?

Manchmal kenne ich mich gar nicht mehr aus. Da rufen's mich zum Beispiel plötzlich Mandi, Manderl, Schatzi, Bub, braver Bub, manchmal Ronaldo und so weiter. Derweil bin ich ja ein Roni oder etwa nicht mehr? Wer, bitte schön, soll sich da noch auskennen? Gestatten, mein Name ist Othello vom Leithawald. So wäre es korrekt. Aber nein. Offensichtlich war ihnen das mit dem Othello zu kompliziert. Othello. Was für ein elitärer Name. Mir hätte das schon sehr gefallen, kommt es doch aus dem Italienischen. Schon Giuseppe Verdi nannte eine seiner Opern Othello. Offensichtlich sind mein Herrl und Frauerl Kulturbanausen. Denn sonst ist es mir als Altdeutschem Schäferhund schier unbegreiflich, wie man so einen Namen negieren kann. Na ja, was soll ich machen. Das Einzige, was angeblich gegen diesen Namen spricht ist, dass er dreisilbig ist und man diesen nicht so gut rufen kann. Angeblich sollen Hundenamen nur zweisilbig sein, da Herrl und Frauerl sonst einen Knoten in der Zunge bekommen. Klingt mir stark nach einer Ausrede. Eigentlich hätte ich ja Duke heißen sollen. Einsilbig wohl gemerkt. Und ein englischer Adelstitel wär's auch noch gewesen. Das hätte mir voll getaugt. Aber wie das Leben so spielt, gab es auch dagegen Einwände. Und so hat mein Herrl die Sache in die Hand genommen und mich kurzerhand Roni getauft. Das ging dann auch einige Monate gut und ich konnte mich an meinen Rufnamen gewöhnen. Bis sie wieder angefangen haben zum Herumwursteln. Offensichtlich sind meine zwei Lieben ziemlich wankelmütig. Neuerdings rufen sie mich auch Mandi oder Manderl. Vor allem mein Frauerl. Erst habe ich mich da gar nicht ausgekannt, was oder wen sie meinen. Ich finde das ja eh recht lieb, aber auch nicht mehr. Ja und dann ruft mich mein Herrl auch noch Ronaldo oder doch Othello. Da soll sich noch wer auskennen. Ronaldo mag ich eigentlich nicht und er kann mir dann auch mal den Buckel hinunterrutschen, wenn er so anfängt. Was ich total liebe, ist das Schatzerl oder Schatzi meines Frauerls. Neulich gab es da eine lustige Situation. Mein Frauerl und ich waren in der Stadt unterwegs. Ich werde ja immer brav mitgenommen, wenn's auf den Bauernmarkt oder ins Caféhaus geht. Auf jeden Fall versuchte mein Frauerl mich mit allen Mitteln in meiner entspannten Atmosphäre zu stören. Wenn ich nämlich mal so gemütlich im Kofferraum liege, will ich nicht aussteigen. Auf keinen Fall. „Schatzi, bitte steig aus!", „Schatzi, komm raus". Da zieht einfach nix, wenn Schatzi jetzt nicht will, will es nicht. Schatzi hin, Schatzi her. Auf jeden Fall wurde das auch von Passanten mitverfolgt, die sich wunderten, wer Schatzi ist und dass Schatzi nicht aussteigen will. So näherte man sich vorsichtig unserem Auto, um sich das Schatzi mal genauer anzuschauen. Und wer stieg dann gnädigerweise aus und präsentierte sich in seiner vollen Pracht? Das Roni-Schatzi. Ich sorge also auch am Hauptplatz für das eine oder andere Hoppala.

„Feiner Bub" bekomme ich leider nicht so oft zu hören. Nur dann, wenn ich etwas vorschriftsmäßig mache. Das heißt, wenn ich beim Spazierengehen nicht ziehe, was aber für mich nur der halbe Spaß ist, oder wenn ich ein Kommando korrekt ausführe. Aber was nicht ist, kann ja noch werden. Die Hoffnung stirbt ja bekannterweise zuletzt. Und manchmal, wenn ich, was ja ausgesprochen selten vorkommt, was anstelle, dann bekomme ich ganz besondere Namen. Ich gebe zu, meistens habe ich das dann auch verdient. Aber lange böse sind sie mir nie, meistens werde ich dann eh gleich wieder geknuddelt und geherzt.

Meine liebe Not mit der Muh

Aufgrund meiner mittlerweile stattlichen Größe und meines erhabenen Aussehens - ein bisserl eitel darf man ja wohl noch sein - bin ich es gewohnt, der Chef auf der Bühne zu sein. Sei es, wenn mir ein Artgenosse über den Weg läuft oder bei meinen zwei Lieben zuhause. Das dachte ich zumindest, bis wir im Sommer auf eine Almhütte fuhren, um Urlaub zu machen. Da stellte sich zu meiner Überraschung heraus, dass es auch noch Größeres im Tierreich gibt als mich. Und ich kam zu der Erkenntnis, dass groß alleine nicht genügt.

Die Almhütte war super, soweit ich als Hund das beurteilen kann. Und vor allem das Rundherum, Wiesen, Wald und gleich in der Nähe ein Bauernhof mit vielen Katzerln. Ja und wie ich wiedermal so voller Freude einer kleinen Miau hinterherjagte, die übrigens viel schneller und flinker als ich war, hörte ich plötzlich ein Glockengeläute. Und dann stand sie da. Riesengroße Glotzaugen und noch größere Nasenlöcher schauten auf mich hinunter. Da ist mir ehrlich gesagt mein Herzerl ins Hundehoserl gerutscht. Meine erste Kuh. Ich glaube, die Kuh hat sich auch nicht so recht wohl in ihrer Haut gefühlt, denn plötzlich hat die angefangen so richtig laut zu muhen. Da hab ich dann ordentlich Schiss bekommen und ich bin vollgas zurück zu meinem Herrl gerannt. Und wisst ihr, was der gemacht hat? Er hat gelacht und sich über mich lustig gemacht, dass ich ein kleiner Scheißer bin. Das hat mich wirklich sehr getroffen.

Nachdem mein Frauerl mein Ego wieder aufpoliert hat - sie ist ja Gott sei Dank eine Psychologin und hat Erfahrung mit geschundenen Seelen - versuchte ich meine Taktik den großen fleckigen Viechern gegenüber zu ändern und habe gebellt was das Zeug hält. Das Ergebnis war jetzt nicht gerade ermunternd, denn plötzlich war nicht nur eine Kuh da, sondern eine ganze Horde. Das einzig Beruhigende war, dass die Viecher nur dagestanden sind und mich angeglotzt haben. Wenn die alle auf mich losgerannt wären, ich wäre echt überfordert gewesen! Das Gebelle hatte nur die Folge, ich hab's mir eh gedacht, dass meine Lieben genervt waren. Irgendwie habe ich's dann doch hinbekommen. Ich habe all meinen Mut zusammengenommen und bin noch mal auf die Kuhweide. Ohne Bellen, aber schon mit zittrigen Knien. Und dann habe ich mich einfach hingesetzt und g'schaut was passiert. Liebe Leute, nix ist passiert. Sie haben mir nix getan. Puh, war ich froh. Aber Respekt hab ich schon vor den großen Viechern.

Unsere nicht alltäglichen Spaziergänge

Spazierengehen mit meinem Herrl ist immer eine Wucht. Ich gehe ja lieber mit dem Herrl spazieren als mit dem Frauerl. Mein Frauerl ist immer ziemlich streng und da darf ich nicht so viel anstellen. Meistens gehen wir in der Früh, erst muss Herrchen aber zu Kräften kommen, bei einem ordentlichen Frühstück mit Müsli und Obst. Dann zappel ich meistens schon herum. Mei, das dauert immer bis der fertig ist, das ist ja fast schlimmer als bei einer Frau. Oft bekomme ich aber einen Löffel Joghurt, quasi als Entschädigung für die Warterei. Nach dem Frühstück verschwindet er dann immer und schneidet sich seine Minihaare aus dem Gesicht und seine Zahnderl putzt er sich dann auch noch. Puhh, da hab ich ein Glück, wenn ich dran denk, dass ich mich täglich rasieren sollte. Das würde bei meinen Wuscheln ja eine halbe Ewigkeit dauern. Aber irgendwann taucht er dann auf, frisch gestriegelt und angezogen. Warum er sich immer eine saubere Hose anzieht, ist mir auch ein absolutes Rätsel, weil sauber kommt er meistens nicht zurück.

Aber dann geht's los. Wird ja auch Zeit, meine Blase drückt schon ziemlich. Also Tür auf und schnell zum Gartentürl. Da ich ja schon ein wenig erzogen bin und ich jetzt wirklich schon dringend muss, bin ich heute mal ganz brav und mach gleich Sitz. Das haben mir meine zwei Lieben so beigebracht und gehört zum Anlein-Ritual. So, aber jetzt gib Gas, sonst passiert ein Unglück. Und schon ziehe ich mein Herrl durchs Türl durch und dann geht die ganze Leier auch schon los. „Roni, zieh nicht so", „Roni, das hast du schon besser gemacht" und so weiter. Das ist mir jetzt aber voll egal, ich will nur noch zu einem gut duftenden Platzerl, um mich zu erleichtern. Puhh geschafft, jetzt geht's besser. Und weil ich heute so gut drauf bin und mein Herrl echt voll lieb habe, gehe ich heute mal an lockerer Leine. Zumindest so gut ich kann und bis ich wieder was Gutes rieche. Wenigstens ist unsere Leinenstrecke nicht lang. Nach fünf Minuten darf ich dann immer von dem lästigen Schnürl weg. Meistens sind unsere Spaziergänge recht stressfrei, ich gehe meinen Geschäften nach, mein Herrl seinen, das heißt er redet und erzählt mir was er heute alles so zu machen hat. Da bin ich jetzt aber echt froh, dass ich ein Hund bin, was der immer für einen Stress haben muss, der arme Kerl. Dass das auch so ist, bekomme ich natürlich immer hautnah mit, weil ich ja schon von klein auf zu einem Bürohund erzogen wurde und immer live dabei bin, wenn's wieder mal rund geht in der Firma. Und wenn er mir beim so Dahingehen mal nichts erzählt, ja ich glaube, dann träumt er so vor sich hin, der gute Mann. Wahrscheinlich vom Frauerl. So wie ich.

Stressig wird's für mich immer nur dann, wenn ein Artgenosse daherkommt. Andere Spaziergänger, Läufer, Nordic Walker oder Radfahrer sind mir vollkommen wurscht. Aber meinesgleichen macht mich irgendwie nervös. Das heißt nicht, dass ich da grantig werde, aber irgendetwas reitet mich dann immer. Ich weiß auch nicht genau. Und so laufe ich zum anderen Pelzetiger und beschnuppere den einmal. Da ich mittlerweile ja schon neun Monate alt und ein ziemlicher Lackel geworden bin, stresst meine Präsenz natürlich das Herrl oder das Frauerl meines Artgenossen. Man kann echt meinen, wir befinden uns alle in der Stressfalle. Vor allem den kleinen Hunderln macht meine Größe oft Angst, glaube ich zumindest, obwohl ich ja ein ganz gutmütiger Kerl bin und meistens mehr Angst habe als der andere, unabhängig von der Größe.

Das letzte Mal hatte ich eine ganz merkwürdige Hundebegegnung. Da bin ich so zu einem kleinen Spatz hin, was dessen Herrl wahnsinnig aufgeregt hat. Der ist ja richtig ausgeflippt, dabei habe ich nur geschnuppert und sonst gar nix. Echt wahr. Aber der hat dann mein Herrl angeschrien, dass er mich zurückpfeifen soll. Komisch, er hat ja auch nicht gepfiffen, dass ich hinlaufen soll, warum soll er mich dann zurückpfeifen? Und dann ist der so nervös geworden, dass er sich wie ein Karussell im Kreis gedreht hat. Und, mein Gott, meinem kleinen Artgenossen muss da schlecht und schwindelig geworden sein bei den Pirouetten, die der gedreht hat. Und Luft hat er sicher auch keine mehr bekommen, denn mittlerweile hat der das arme Hunderl zehn Zentimeter über dem Boden geschwungen. G'sund war das sicher nicht mehr. Und was da für Zentrifugalkräfte auf den Kleinen gewirkt haben müssen. Mein Gott. Und ich? Ich bin dem Kleinen nachgelaufen, ich hatte auch schon einen Drehwurm. Abgebrochen hat das Ganze dann mein Herrl, der mich in aller Gelassenheit an die Leine genommen hat. Sonst würde der Kleine wahrscheinlich noch heute durchgeschleudert werden. Ich weiß nicht, warum vor allem die Herrln so ein Tam-Tam machen. Was mir aufgefallen ist, dass, wie in der Hundeschule auch, fast nur Frauerln mit ihren Hunden spazieren gehen. Ganz selten treffen wir einen Mann mit Hund. Die fremden Frauerln können außerdem viel besser mit ihren Hunderln umgehen und sind voll relaxt, wenn ich so dazukomme. Da wird dann abgeleint und wir können alle mal so richtig herumflitzen. Das ist dann ein Spaß. Die Herren der Schöpfung reagieren hingegen oft über und haben einen vollen Stress. Man könnte meinen, sie beschäftigen sich nicht mit ihren pelzigen Freunden und wurden von ihren Frauen zu einem Hundespaziergang abkommandiert. Glaubt mir, ich tue keinem was, ich bin nur groß, das ist aber auch alles. Und dafür kann ich nun mal wirklich nichts. Die Größe liegt in unseren Genen und wir Hunde vom Leithawald haben eben alle eine stattliche Größe. Irgendwann auf unserer Runde kommen wir dann immer zu

einem Bach. Ich sag' euch, das ist das Beste. Ich bin ja ein richtiger Wasserratz geworden. Daher habe ich zuhause auch schon einen eigenen Pool bekommen. Den habe ich so toll lieb, dass ich ihn innerhalb kürzester Zeit in möglichst kleine Einzelteile zerknabbere. Mittlerweile habe ich den sechsten Pool und es wird sicher nicht mein letzter sein, außer sie mauern mal ein richtiges Planschbecken. Ein richtig großes, in dem wir alle schwimmen können, mein Herrl, mein Frauerl und ich. Das wär was.
Aber zurück zu meiner Morgenrunde. Also nichts wie rein ins kühle Nass. Als ich noch nicht so groß war, bin ich grad mal so zwanzig Zentimeter weit ins Wasser reingegangen. Ich habe ja schon erwähnt, dass ich ein kleiner Angsthase bin. Meinem Herrl ist das sehr recht, vor allem dann, wenn wir an der Mur spazieren gehen. Er hat Angst um mich, dass es mich abtreiben könnte. Auf unserer Runde kommen wir auch immer zu einem kleinen See. Pah, ich sag euch, der schaut verlockend aus, wenn das Wasser bloß nicht so kalt wäre. Am Anfang bin ich da gar nicht rein gehüpft, obwohl mein Herrl voll hinterlistig Stockerl rein geschmissen hat: „Roni, hol das Steckerl" hat da nicht funktioniert, ich bin doch nicht blöd. Aber irgendwie hat's mich immer gejuckt. Ich habe mich ganz vorsichtig rangetastet, Zentimeter für Zentimeter. Da hab ich gemerkt, dass mich mein dicker Pelz, Langhaarschäferhunde haben da offensichtlich Vorteile, vor den frostigen Temperaturen schützt. Zuerst habe ich mich nur ins Wasser gesetzt, und mir das einmal in Ruhe angeschaut. Ganz geheuer war's mir ja nicht, zumal da lauter kleine Fischchen drin geschwommen sind. Aber irgendwann habe ich meinen ganzen Mut zusammengenommen und nach gut fünf Minuten auffordernder und bestärkender Worte meines Herrls bin ich dem Steckerl dann doch nachgeschwommen. Na ja, schwimmen ist vielleicht übertrieben. Ich habe mich hin geplanscht. Das war vielleicht ein merkwürdi-

ges Gefühl wie ich keinen Grund mehr unter meinen Beinchen hatte. Aber siehe da, es hat funktioniert. Mittlerweile ist das tägliche Seebad ein fixer Bestandteil meiner Morgenrunde. Besonders gerne beutel ich mich dann direkt neben meinem Herrl trocken. Hin und wieder treffen wir am See auch zwei total liebe Dalmatinerdamen, da flitzen wir dann zu dritt herum, dass es gleich so raschelt. Im Schwimmen habe ich allerdings keine Chance gegen die zwei, die sind dann doch viel flinker als ich. Unsere Runde führt auch durch eine Schrebergartensiedlung. Da gibt's vielleicht eine merkwürdige Sache. Da stehen an den Zaun gelehnte mit Wasser gefüllte Flaschen. Mein Herrl meinte, dass ich da nicht drauf pinkeln soll oder, dass die mich vom Pinkeln dort abhalten sollen. Das Einzige was die Flascherln bei mir hervorgerufen haben, war grenzenlose Neugierde und die Verwunderung, warum die Inhaber ihre schönen Gärten mit grauslichen Flaschen verunstalten. Weil, ich muss es offen und ehrlich sagen, das was sie erreichen sollen, nämlich eine Antipinkelmaßnahme, das geht voll in die Hose. Die glitzernden Flascherln dienen super als Zielscheibe, da kann man punktgenau seine Tröpferln platzieren. Der arme Gartenbesitzer, der die angepinkelten Flascherln dann wegräumen muss. Aber wenn er meint, dass er das so will, dann soll das für mich auch ok sein.

Was mich aber echt ganz arg krawutisch macht, ist die Tatsache, dass bei einigen Wegen ein Stacheldrahtzaun ist. Und das nicht etwa ein bis zwei Meter vom Weg entfernt, sondern diese Zäune laufen direkt neben den Wegen und das in sehr beliebten Naherholungsräumen in unserer Umgebung. Bitteschön, wer kommt denn auf so eine aberwitzige und dumme Idee. Reicht da nicht ein normaler Drahtzaun aus? Wahrscheinlich nicht, weil der ja kein Tier oder noch schlimmer einen Menschen verletzen würde, was ja wohl bei dieser Art von Abzäunung gewollt ist. Ganz abgesehen von uns Vierbeinern ist da oft echt viel los. Da spielen Kinder und fahren mit ihren Radln, ältere Menschen gehen dort spazieren, viele Jogger kommen uns entgegen. Was ja recht interessant ist, ist ein Infoblatt der Rechtsabteilung der Landwirtschaftskammer zum Thema Bäume und Zäune an der Grundgrenze. Für Stacheldrahtzäune besteht demnach die zusätzliche Bestimmung, dass an Einfriedungen, die von einer Straße nicht mehr als zwei Meter entfernt sind, spitze Gegenstände, wie Stacheldraht und Glasscherben, nur in einer Höhe von mehr als zwei Metern über der Straße und nur so angebracht werden dürfen, dass eine Gefährdung der Straßenbenützer nicht möglich ist. Es ist halt keine Straße, wo wir immer spazieren gehen, sondern nur ein Wegerl. Aber zu denken gibt einem das schon. Wahrscheinlich muss erst was passieren und sich jemand verletzen, dass sich dafür wer zuständig fühlt und Schwung in die Angelegenheit kommt. Mein Herrl nimmt mich da immer an die Leine und trotzdem hat's mich einmal richtig hineingepeppelt. Da hat mich nur mehr mein super dickes Fell geschützt. Aber weh hat's mir schon getan und geschreckt habe ich mich auch voll.

Irgendwann auf unserer Runde bekomme ich dann immer einen kurzen Wegrennrappel. Obwohl, grundsätzlich bin ja schon die Gehorsamkeit in Person, na ja fast. Ich weiß auch nicht genau, was mich dann so reitet, aber da habe ich das unbändige Bedürfnis, meine Ohren anzulegen und einfach mal volle Pulle loszulaufen. Mein Herrl tut mir da eh immer voll leid, der steht dann da wie ein begossener Pudel. Da hilft kein „Roooonnniiiiiiii", „Roni, komm her" oder „Roni, du Rabenbratl". Dass ich wieder zurückkomme ist zwei Dingen zu verdanken: Ich wurde schon von klein an auf Pfeifen konditioniert. Wenn Herrl also laut pfeift, renne ich meistens wieder zurück. Es ist auch schon vorgekommen, dass ich so einen Speed draufhatte, dass ich einfach an ihm vorbeigeflitzt bin. Aber meistens funktioniert's. Und das Zweite ist, dass ich ja schon ein ziemlicher Angsthase bin. Wenn ich meine Umgebung nicht kenne, plötzlich in einem Wäldchen stehe und vor lauter Bäumen den Wald nicht mehr sehe, bekomme ich es voll mit der Angst zu tun. Und da hilft nur eins, schnell zurück in Sicherheit. Offensichtlich kennt mein Herrchen schon mein eigenartiges Verhalten, denn man möge es glauben oder nicht, der geht in letzter Zeit einfach weiter als wäre nichts gewesen. So eine untreue Seele. Ja, bei unseren Spaziergängen ist immer viel los. Es finden sich immer wieder neue Dinge, die von mir entdeckt werden wollen. Viel Abwechslung, noch mehr Spaß. Manchmal auch ein wenig Stress, aber nicht für mich. Eh klar, für mein Herrchen.

Haushalts-(Ab)Normalitäten

Als Schatzi hat man schon ganz besondere Privilegien. Ich meine nicht das Schatzi, das mein Herrl für mein Frauerl ist, sondern meine Wenigkeit. Ich glaube, ich habe bei meinem Frauerl echt einen Stein im Brett. Was ich als Hunde-Schatzi alles so darf und wovon mein Herrl-Schatzi nur träumen kann, dass er es einmal dürfte. Da haben wir zum Beispiel die nicht übersehbare Tatsache, dass ich mir beim Hineinspazieren ins Haus nicht die Fußerl putzen muss, egal wie versaut oder waschelnass ich gerade bin. Herrl-Schatzi könnte sich auf was gefasst machen, wenn er mit verschlammten Schuhen einfach hineinspazieren würde. Bei mir heißt's dann maximal „Mein Gott, schaust du heute aber aus", bei Herrl-Schatzi geht's dann schon mehr zur Sache und der Liebe muss dann auf allen Vieren kriechend seinen Dreck auch gleich selbst aufwischen, was ich mir aufgrund meines Hundi-Schatzi-Status Gott sei Dank erspare.

Obwohl ich mein Frauerl so sehr liebe, muss ich allerdings feststellen, dass sie einen leicht übertriebenen Hang zur Sauberkeit hat. Da wird gesaugt und gewischt was das Zeug hält. Mein Herrl meint dann, man solle das nicht zu genau nehmen, da ich ja in kürzester Zeit eh wieder alles schmutzig mache und meine Härchen gleich wieder überall rum liegen, was ich ja nur bestätigen kann. Da muss ich meinem Chef schon recht geben, mit einem Hund entwickelt sich die dauernde Putzerei zu einer absoluten Sisyphusarbeit. Ich meine aber, dass eine angemessene Sauberkeit im Haus für mein Frauerl massiv zu ihrem allgemeinen Wohlbefinden beiträgt. Und so haben bei uns gewisse Apparaturen Einzug gehalten, mit denen ich manchmal auf Kriegsfuß stehe. Man könnte auch sagen, wir sind mittlerweile ziemlich haushaltsautomatisiert. Da gibt's zum Beispiel einen Staubsaugerroboter. Meine lieben Leute, so praktisch das Teil auch sein mag, es macht einen Höllenlärm. Außerdem ist das schwarze Ungetüm echt unverschämt und stupst mich an, wenn ich gerade in seiner Saugschneise liege. Da habe ich dann schon mal reingebissen und dran geknabbert, leider zeigte sich die Maschine gänzlich unbeeindruckt. Und wäre das nicht genug gewesen, erweiterte mein Frauerl ihr Reinigungssortiment auch gleich noch um einen Wischroboter. Der ist zwar schön leise, aber er hat genauso wenig Respekt vor mir wie der Sauger. Da ich jedoch ein Blitzkneißer bin, habe ich schon gelernt, das Ding selbst auszuschalten. Aber was nimmt Hund nicht alles in Kauf, wenn es Frauerl dadurch gut und noch besser geht.

Was ich auch sehr schnell rausgehabt habe, ist die Sache mit den Türschnallen. Manchmal haben meine beiden Lieben nämlich versucht, mich, zum Beispiel beim Mittagessen, auszusperren. Eins, zwei, drei und ich hatte die Türe offen. Ganz besonders interessant war das Türöffnen für mich natürlich in der Speisekammer. Da stehen nämlich meine Leckerlibox und auch sonst noch so einige leckere Sachen, die mir durchaus schmecken würden. Neben den all den Leckereien, die dort zu finden sind, haben meine beiden dort auch ihre Putzsachen untergebracht. Und da ich neben Schuhen auch eine besondere Schwäche für alle Arten von Besen habe, vom Bartwisch bis zum Rosshaarbesen, verschwanden die haarigen Dinger eines nach dem anderen im Garten, wo ich mich genüsslich darüber hermachte. Allerdings war das Vergnügen nur von kurzer Dauer, denn mein Herrchen hatte bald die besen- und lebensmittelrettende Idee und montierte alle Türschnallen senkrecht. So ein Spielverderber.

Außerdem hat man beim Umbau meines Eigenheimes auf etwas Wesentliches vergessen. Jeder von den beiden hat ein eigenes Arbeitszimmer. Und wo bleibe ich? Ich konnte mich in die Küche oder in das Esszimmer legen, aber so richtig meins war keines von beiden. Doch ich sag euch, da habe ich mir etwas ganz Besonderes einfallen lassen, denn Ruckzuck bin ich doch noch zu meinem Zimmer gekommen. Zuallererst, da war ich noch ein kleines Wutzerl, habe ich mal auf den Teppich unter dem Esstisch gepinkelt. Das hatte noch wenig Erfolg, erst als ich den auch noch angeknabbert habe, wurde der Teppich eingerollt und im Keller verstaut. Ätsch. Eins zu null für mich.

Als ich ein wenig größer wurde habe ich begonnen, die Zuckerdose und so manch andere Dinge, die die beiden auf ihrem Sideboard hatten, runterzuschmeißen. Ich glaube, dass der in alle Ritzen verstreute Zucker für den Reinlichkeitssinn meines Frauerls ein Gräuel war. Es tut mir auch leid, aber manchmal muss man zu ungewöhnlichen, aber erfolgversprechenden Maßnahmen greifen. Die Folge: Alles auf dem Sideboard verschwand im Nu. Zwei zu null.

Ja und zu guter Letzt standen da noch vier Esszimmersessel rum, die mein Schlafplatzerl unter dem Tisch schon ziemlich einengten. Die Lösung dieses Dilemmas war einfach und so simpel. Angeknabbert habe ich mal einen Sessel. Wirklich nur einen. Ich konnte ja nicht recht einschätzen, wie die beiden reagieren würden und ganz verscherzen will ich es mir ja nun doch nicht. Aber ihr wisst ja, ich bin das Frauerl-Schatzi. Es war weniger schlimm als befürchtet und auch mein Herrl meinte, warum soll man sich aufregen, jetzt ist's eh schon passiert. Zumindest dachte das mein Herrchen und vor allem dachte er, dass es bei einem Sessel bleiben würde. Aber da hat er die Rechnung ohne den Wirt gemacht. So habe ich mir eines Nachts wirklich Mühe gegeben und ich sage euch, es war echt anstrengend, aber ich habe es wirklich bis in der Früh geschafft, die Polsterbezüge von zwei weiteren Sesseln komplett zu zerlegen. Na ja, der Schock saß dann tief bei meinen zweien. Sie räumten dann alle Sessel aus dem Esszimmer raus, übrig blieb nur mehr der Tisch, der Metallfüße hat, an denen ich mir wahrscheinlich meine Zahnderl ausbeiße und den ich daher tunlichst in Ruhe lasse. Das Sideboard ist auch tabu für mich, an dem hängt das Herz meines Frauerls. Punktum. Drei zu null für mich. Jetzt schaut mein Zimmer genauso aus wie ich es will und ich fühle mich in meinen eigenen vier Wänden pudelwohl.

Ein wenig leid tun mir meine zwei allerdings schon. Das Esszimmer war ihr ganzer Stolz und aus ihrer Sicht hat es auch wirklich gemütlich ausgesehen. Nur eben nicht so recht für mich. Meine zwei Lieben haben ja die Hoffnung noch nicht aufgegeben und meinen, dass diese Phase des Knabberns - da meinen sie wohl mich - vorbeigeht. Ich lass' sie einfach einmal in dem Glauben. Obwohl der Teppich wäre unter Umständen doch recht gemütlich, und flauschig war der auch, soweit ich mich noch erinnern kann. Der könnte wieder zurückkommen. Meinetwegen.

In den letzten Tagen habe ich noch etwas ganz Bequemes im Haus für mich entdeckt. Das Fernsehsofa. Mei, das ist vielleicht fein zum Herumlümmeln. Das Ledersofa ist im Sommer nämlich immer schön kühl und da fühle ich mich natürlich besonders wohl. Das Ganze hat nur einen megamäßig großen Haken. Ins Wohnzimmer komme ich nur, wenn einer meiner beiden Lieben vergisst, die Schiebetür zuzumachen. Denn eigentlich habe ich Wohnzimmerverbot. Da steht und liegt zuviel herum. Deko, Flaschen, Teppiche. Alles Dinge, die sich hervorragend zum Anknabbern und vor allem zum Stehlen eignen. Und wenn ich dann entdeckt werde, wie ich's mir so auf dem Sofa bequem mache, dann geht's aber auch schon los. „Roni, was machst denn du da?", „Roni, jetzt aber flott runter". Und weil die beiden eh nicht aufhören zu nerven, troll ich mich eben wieder auf meinen Lieblingsplatz in die Diele.

Nobody is perfect

Nein, nein. Keine Sorge. Ich bin nicht krank. Oder zumindest gehe ich davon aus, dass ich ein ziemlich normaler Hund ohne psychische Störung bin. Ich habe aber gewisse Ticks. Nur, wer hat die nicht? Da wäre zum Beispiel mein Frauerl. Die hat ihren Putztick, genauer gesagt den Bodenaufwischtick. Außerdem hat sie den Autoputz-Tick, den mein Herrl voll und ganz unterstützt, da er ja auch ein absoluter Nutznießer dieser Putzleidenschaft ist. Mein Herrchen ist eigentlich fast tickfrei, wären da nicht diese lästigen Zotteln an den Teppichen. Hier manifestiert sich bei ihm der sogenannte Teppichfransenfrisier-Tick. Und wer weiß, was die beiden noch für normale Abnormalitäten haben. Tja, und da man ja sagt: „Wie der Herr, so's Gescherr", pflege auch ich gewisse Verhaltensweisen, die man durchaus als Tick bezeichnen kann. Allerdings haben sich manche Ticks mittlerweile durchaus verstärkt, jetzt, wo ich so mitten in meiner Pubertät stecke und nicht so recht weiß, was ich mit mir selbst anfangen soll. Was für meine Umgebung, sprich für mein Herrchen und mein Frauchen, durchaus in Stress ausarten kann. Manchmal zumindest, wenn es bei mir wieder heißt: „Kein Anschluss unter dieser Nummer."
Da ich der festen Überzeugung bin, dass Schuhe keinesfalls ins Schuhkasterl gehören, würde ich das durchaus als einen meiner Ticks bezeichnen. Am liebsten trage ich diese voller Stolz in den Garten und seit kurzem habe ich auch eine Riesenfreude daran, sie zu zerknabbern. Was mir natürlich nicht nur lobende Worte einbringt. Das mit dem Schuhezerbeißen hat sich in letzter Zeit echt verstärkt. Aber was soll ich machen, es ist einfach zu verlockend. Erwachsenwerden ist schwierig. Außerdem riechen Schuhe sooo gut und schmecken tun sie auch nicht gerade übel. Da wird man schon einmal schwach.

Ein absoluter Pubertätstick ist auch meine Unbeherrschtheit, wenn uns beim Spazierengehen ein anderes Hunderl entgegenkommt. Ich muss es leider zugeben, das kann auch recht gefährlich für mich werden. Aber sagt's mir einmal, was ich dagegen tun soll. Herrchen und besonders Frauchen sind da oft ziemlich genervt, wenn ich sie an der Leine zu meinem Artgenossen schleife, oft fünfzig Meter oder auch mehr. Hier habe eindeutig ich das Kommando, das kann ich euch sagen. Auch wenn mein Herrl und ich deswegen schon bei meinem Personalcoach Reinhard waren und ich kurze Zeit Besserung gezeigt habe, überall lass ich mir nicht das Zepter aus der Hand nehmen. Letztens ist's aber echt gefährlich geworden. Übliche Situation: Roni sieht Hund. Früher als das Herrl. Der geht normalerweise schon mit weit vorausschauendem Blick durch die Gegend. Aber diesmal war ich, ätsch, schneller. Da ich nicht angeleint war, beschloss ich auf eigene Faust meinen Artgenossen zu besuchen. Da hilft kein „Roonniii" oder „Roni, komm her", geschweige denn der laute Pfiff meines Herrls. Da geht's ab. Ohren anlegen, windschlüpfrige Position einnehmen und lossprinten was das Zeug hält ist dann angesagt. Wie ich euch schon erzählt habe, übe ich durch meine imposante Körpergröße offensichtlich eine angsteinflößende Wirkung auf gewisse, vielleicht noch etwas unerfahrene, Hundebesitzer aus. Leute, das kann ja nicht sein. Ich hab's euch eh schon gesagt. Ich bin zwar groß, aber ein absolutes Lämmchen, das wirklich niemandem was tut, weder Mensch noch Tier.

In diesem Fall ist das Frauchen des anderen Wautzis leicht nervös geworden und hat die Leine ihres Hündchens losgelassen. Unabsichtlich. Und dann ging's los. Wir rannten hintereinander her, ich hinten, der Kleine vorne. Und irgendwie haben wir uns örtlich ein wenig vertan und sind plötzlich auf einer befahrenen Straße gelandet. Mein Herrchen und das andere Frauchen sind uns nachgerannt und haben versucht, uns einzufangen. Ich muss zugeben, das war schon ein sehr lustiges Bild. Wir zwei Hunderl vorne, die beiden hinterher. Frisch haben's aber nicht mehr ausgeschaut, die zwei. Vielleicht sollten's ein bisserl mehr Sport machen. Irgendwann war mir aber die G'schicht zu blöd, weil mein Herrchen sich schon die Seele nach mir rausgeschrien hat und gepfiffen hat er auch wie irr. Da habe ich mir gedacht, bevor er kollabiert, dreh' ich lieber um. Ui, da habe ich eine Standpauke bekommen, die war nicht ohne. Da hat nicht einmal mehr mein treuherzigster Schäferblick geholfen. Der war vielleicht sauer auf mich. Und an die Leine kam ich auch gleich. Ich hoffe, ich hab' den Bogen jetzt nicht überspannt und Herrchen vergisst die Situation schnell wieder. Aber ich befürchte Schlimmes. Da wird wohl noch die eine oder andere Coachingeinheit bei Reinhard notwendig sein.

Was ich auch wirklich liebe sind Ehebetten. So schnell können meine beiden Lieben gar nicht schauen, bin ich auch schon drinnen - am liebsten mit saudreckigen Pratzerln. Auch so ein Tick, der sich mit der Zeit jetzt schon ein wenig manifestiert hat. Leider komme ich nicht so oft ins Schlafzimmer, aber wenn, dann nutze ich natürlich die Gelegenheit es mir in dem superkuscheligen großen Bett bequem zu machen. Eigentlich ist das ja komisch, weil die Hundebetterln können mir alle gestohlen bleiben. Ich nehme mal an, es ist ganz einfach der Reiz, etwas Verbotenes zu machen. Dass ich dabei keine Pluspunkte sammle, sollte jedem klar sein. Aber einen riesengroßen Spaß macht's mir schon, wenn mein Frauerl mich dann durchs Haus jagt.

Eine meiner absoluten Vorlieben, man möge das durchaus auch als weiteren Tick bezeichnen, ist es, waschelnass durchs Haus zu laufen. Das ist keine Pubertätsflause, die ich da an den Tag lege, das hatte ich auch schon, als ich noch jünger war. Ehrlich. Und bevorzugt dann, wenn Frauchen gerade penibel den Boden geputzt hatte. Also schnell mal rein in meinen Hundepool, so richtig nach Herzenslust drinnen planschen und dann rauf auf die Terrasse, mit Schwung rein ins Esszimmer, eine kleine Runde um die Kücheninsel gedreht und, wenn ich besonders überdreht bin, noch schnell und ausgiebig trockenbeuteln und dann wieder raus ins Freie.

Sehr merkwürdig find' ich den Nachbar-Gähn-Tick. Da kenn' ich mich eigentlich auch nicht genau aus, warum der da ist und warum ich auf den so allergisch reagiere. Vielleicht ist es die Stimmlage unseres lieben Nachbarn, vielleicht ist es seine Gähnzeit. Auf jeden Fall schreckt es mich da gleich so und ich fahre wie von der Tarantel gestochen auf. Und das sogar, wenn ich am Abend gerade friedlich beim Einbüseln bin. Da hilft's dann leider gar nicht, das muss einfach stimmgewaltig kommentiert werden. So reagiere ich aber nur auf das Gähnen dieses einen Nachbarn, wenn Herrchen oder sonst wer bei uns gähnt, ist mir das total egal.

Und da wäre dann noch mein Hundeplatz-Tick. Je näher ich der Hundeschule komme, desto phlegmatischer werde ich. Was sich ja bereits bei sommerlichen Temperaturen in meiner absoluten Lethargie geäußert hat. Das heißt, es ist fast unmöglich, meine Aufmerksamkeit zu erregen oder mich zu einer Übung, die ein wenig Konzentration erfordert, zu bewegen. Ich gebe zu, das mag für mein Herrchen sehr schwer gewesen sein und offensichtlich hat das an seinem Selbstwertgefühl genagt. Wie es derzeit ausschaut, habe ich ihn dadurch derart entmutigt, dass nun mein Frauchen mit mir den Begleithundekurs absolvieren darf. Sorry, Chef. Das tut mir echt leid. Ich wollte dich wirklich nicht in deiner Ehre kränken, geschweige denn, dich vor den anderen bloßstellen.

Eine Schrulligkeit, ein wirklicher Tick, ist meine Eifersucht. Wenn sich Frauchen und Herrchen umarmen, dann ist das schon in Ordnung so, schließlich sind die beiden ja verheiratet und sollen sich auch hin und wieder knuddeln dürfen. Solange es nicht Überhand nimmt beziehungsweise ich nicht zu kurz komme. Weil dauerndes Geschmuse würde mir schon ziemlich auf den Geist gehen. Ich weiß in solchen Situationen nämlich nicht so recht, wo ich hinschauen soll. Anstarren will ich die beiden dabei ja auch nicht, ich bin ja kein Spanner.

Meine Eifersucht bezieht sich aber eigentlich hauptsächlich auf meinen Beagle-Freund Lou. Der weiß nämlich anscheinend nicht, dass mein Herrchen nur mir allein gehört. Wenn Herrchen dann mal mit Lou knuddelt, gehen bei mir einfach die Sicherungen durch. Wahrscheinlich frisst mich die Eifersucht auf, weil Lou halt so ein hübscher kleiner Kerl ist. Ihr wisst, wie lieb Beagles sind mit ihren langen Schlappohren und ihrem herzzerreißenden Blick. Ich weiß auch nicht, sonst habe ich eigentlich keinen Minderwertigkeitskomplex, sondern strotze nur so vor Selbstvertrauen. Es ist mir nämlich voll bewusst, dass ich eine ganz elegante Erscheinung bin. Ich glaube fast, dass ich in diesen Situationen wohl ein kleiner Egoist bin. Wahrscheinlich bin ich es einfach so gewohnt, im Mittelpunkt zu stehen. Aber jetzt ist da plötzlich ein anderes Hunderl, das Aufmerksamkeit und Zuneigung bekommt. Ist aber auch wirklich nicht so leicht, da drüber zu stehen und so zu tun als wäre nix, wenn der Lou Herrchen mit seinen Kulleraugen bezirzt. Interessanterweise passieren meine Eifersuchtsanfälle nur bei Herrchen, Frauchen darf Lou streicheln, ohne dass ich ausraste. Aber Herrchen arbeitet schon daran, mir diese Eifersuchts-Flausen auszutreiben. Ich muss halt noch lernen mein Herrchen ernst zu nehmen und meinen Dominanzanspruch zu drosseln. So die Theorie. Ich gebe mir auch jede erdenkliche Mühe, weil verärgern oder nerven will ich mein Herrchen ja auf keinen Fall. Dafür schätze ich ihn viel zu sehr.

Ich glaub' ich habe euch ja schon kurz erzählt, dass einer meiner absoluten Ticks auch meine Vorliebe für Mineralwasserflaschen ist. Aber nur für die grünen mit den blauen Etiketten und da auch nur für die 1,5 Liter Flaschen. Nicht, dass ich das Zeug trinken will, aber hier kommen wieder meine kleptomanischen Züge zum Vorschein. Sobald ich so ein grünes Plastikding sehe, will ich es unbedingt zerbeißen. Und dabei ist es mir schnurzegal, ob die Flaschen noch voll sind, was natürlich zum einen oder anderen Malheur führt. Vor allem, wenn ich mir die Flasche am Schreibtisch meines Herrls vornehmen will. Irgendetwas fliegt dann immer. Dann sind oft Verena und Birgit zur Stelle, die beiden guten Feen in Herrchens Firma, die mir dann meinen Spaß vermiesen wollen. Meistens auch mit Erfolg, denn gegen die beiden habe ich null Chance. Ihr müsst nämlich wissen, dass die zwei, vor allem Verena, in solchen Situationen ziemlich resolut und überzeugend sein können. Tick hin, Tick her. Ich für meinen Teil kann recht gut leben mit meinen Schrulligkeiten. Und das ist das Wichtigste. Und aus und basta.

Meine erste Prüfung

Wie ihr wisst, bin ich ja nicht unbedingt so scharf auf die Hundeschule, da geht es mir einfach viel zu militärisch zu. Kein Gezerre an der Leine, kein Raufspringen ist hier gestattet, sondern eins, zwei, eins, zwei heißt es hier. Meinem Herrl habe ich es im Hundekurs nicht immer leicht gemacht, denn ich kann ein ziemlich sturer Kerl sein. Wenn ich heute nicht will, dann will ich nicht. Und dann können die alle kopfstehen, ich tue es einfach nicht. Und aus und basta. Unser Hundecoach Reinhard ist ein super Trainer und hat sich alle Mühe gegeben mich auf Vordermann zu bringen. Und ich sag euch was, der kann noch sturer sein als ich. Da hilft dann gar nichts, da muss Hund gehorchen. Doch nach fast drei Monaten im Grundkurs habe ich wohl oder übel gewisse Kommandos in meine Birne rein bekommen. So einigermaßen zumindest. Und damit man einen Abschluss hat, sollte man, beziehungsweise Hund, auch noch eine Prüfung über das Erlernte ablegen. Und im Juni war dann der große Moment gekommen.

Wenn es so richtig heiß ist und die Sonne runterknallt, dann liege ich am liebsten faul auf den kühlen Fliesen in unserem Esszimmer. Was ich dann aber so gar nicht mag, ist ein Besuch auf dem Hundeplatz und was ich noch weniger schätze ist, bei Affenhitze eine Hundeprüfung zu absolvieren. Das, was bei der Prüfung verlangt wurde, ist eigentlich keine Hexerei, über eine Brücke gehen, ein kleiner Besuch bei den baumelnden Flaschen, einmal durch den Hüterl-Parcours und ein- bis zweimal Sitz und Platz. Wenn es bloß nicht so heiß wäre. Die Hitze macht mir, und das soll keine Ausrede sein, nämlich ziemlich zu schaffen. Ich bin einfach nicht dafür gebaut, mich mit meinen langen Zotteln bei dreißig Grad oder mehr zu bewegen, geschweige denn, gefordert zu werden. Das ist und bleibt anderen vorbehalten. Aber es half nichts, am 16. Juni knallte die Sonne so richtig vom Himmel, kein Wölkchen war zu sehen und mein Frauerl, mein Herrl und ich machten uns auf den Weg zur Hundeschule. Normalerweise bin ich ja immer sehr aufgeregt, wenn ich meine Artgenossen sehe, aber heute, na ja, ich weiß nicht. Die haben mir voll leid getan, wie sie so mit ihrem Frauerl oder vereinzelt mit ihrem Herrl unter der strengen Aufsicht der Prüfer über den Platz marschiert sind. Vergnügen kann das keines sein.

Apropos, es ist echt auffallend, dass überwiegend Frauerln am Hundeplatz sind und kaum Herrln. Natürlich habe ich dazu eine Theorie. Frauerln sind einfach konsequenter als die lieben Herrlis und wahrscheinlich sind sie es auch mehr gewohnt im Befehlston zu kommunizieren. Ich weiß, das klingt sehr klischeehaft, aber es ist meine persönliche Erfahrung, mittlerweile darf ich ja schon einige Monate meine zwei Lieben studieren. Außerdem sollen Frauen mehr Verständnis für uns Vierbeiner haben und nicht erst zum Hundetrainer gehen, wenn der Hut schon brennt. Sorry, meine lieben Herren der Schöpfung, ihr wisst ja selbst, dass ihr Problemchen gerne selbst löst und euch nicht in die Suppe spucken lassen wollt. Gleich noch eine Ergänzung, wenn ich jetzt das eine oder andere Frauerl mit meiner Aussage getroffen habe: Ist es nicht wunderbar für euch zu befehlen und Hund und vielleicht auch Mann gehorchen?

Dass ich so ein Glückshunderl bin und mit meinem Herrl auf den Hundeplatz darf, weiß ich voll und ganz zu schätzen, beim Frauerl hätte ich nichts zu lachen gehabt. Allerdings arbeitet Herrl meiner Meinung nach zu viel und oft auch zu lange, sodass unser Training unter der Woche darunter leidet und wir oft nur in der Hundeschule zum Üben kommen. Und genau das verunsichert mich schon ziemlich, so kurz vor der Prüfung. Jetzt hab ich richtig Bammel und zu heiß ist mir auch noch. Wie sollen wir das da heute nur hinbekommen? Schön langsam wird's jetzt aber ernst.

Ich muss mit meinem Herrl warten, aber die nächsten sollen wir sein. Ich und warten, das war noch nie meine Stärke. Da werde ich immer total unrund. Zumal ich auch irgendwo noch mein Frauerl rieche, nur sehen kann ich sie nicht. Das ist ja voll arg, sie lässt mich in dieser strapaziösen Situation allein, mein Nervenkostüm ist eh schon sehr angekratzt. Den besten Eindruck mache ich bei der Prüfung nicht gerade. Ich ziehe mein liebes Herrl quasi schon über den halben Parkplatz zum Startbereich hin. Lockere Leine, mein Gott, wie oft ich das schon gehört habe. Aber da hilft nix, das muss er sich jetzt gefallen lassen, schließlich will ich, dass das Ganze möglichst schnell vorbei ist. Und ich hatte recht, wir sind beim Bundesheer. Das ist ja wie beim Rapport, jetzt muss mein Herrchen auch noch stramm stehen und uns mit einem Sprücherl zur Prüfung anmelden. Ja, und auch mein lieber Personalcoach Reinhard schaut ganz streng. Ui, jetzt hab ich aber echt die Hos'n voll. Überall stehen Trainer herum und mustern uns, und Publikum am Zaun habe ich auch noch. Aber wisst ihr was: Augen zu und durch. Also, pack ma's!

Die erste Station ist echt gut für meine angeschlagenen Nerven, die Brücke. Die habe ich immer geliebt. Leider darf ich nicht mit Vollgas - als gäbe es kein Morgen - darüber flitzen, sondern muss ganz langsam rauf und wieder runter. Mei, ist das vielleicht fad. Und zu allem Überfluss soll ich vorher Sitz machen und nachher auch wieder und in die Grundstellung sowieso. Wenn ihr mir jetzt auf den Geist geht, dann setz ich mich hin, aber aufstehen werde ich dann nimmer. Dann habt's den Salat. Doch dann fällt mir mein Herrl ein, der steht ja dann wie der volle Depp vor all den Leuten da und das will ich dann auch wieder nicht. Also weiter! Nächste Station: Baumelnde Flaschen. Eigentlich auch kein Problem, aber was ist jetzt? Da riecht es einfach himmlisch, da muss sich gerade eben eine ganz dufte Hundedame erleichtert haben. Da gehe ich jetzt sicher nicht weiter, da muss jetzt mal ordentlich geschnüffelt werden. Und schon habe ich alles um mich vergessen und meinen Prüfungsablauf gleich noch um eine weitere Station ergänzt.

Aber was ist jetzt? Da zieht wer an der Leine. Mein Herrl wird unrund. „Roni, komm", „Roni, tu mir den Gefallen und geh weiter". Ich glaube es wird ihm schon ein bisserl peinlich, dass ich gar keine Anstalten mache, mich von diesem fantastischen Duft trennen zu wollen. Aber meine lieben Leser, ohne meine zwei Lieben, mein Herrl und mein Frauerl, bin ich nur ein halbertes Hunderl. Also tue ich ihm den Gefallen und wir wackeln unter gestraffter Leine weiter zum Hüterl-Parcours. Den hab' ich eigentlich nie so richtig mögen, die Kurvengeherei zwischen den Baustellenhüterln. Für was soll das denn gut sein, bitteschön? Aber gut, wenn sie wollen, dann mach ma's halt. Außerdem hat mein Herrl jetzt meinen absoluten Leckerlifavoriten gezückt. Sanft gedünstete Rindsleber. Medium, zart rosa im Kern, so mag ich das. So marschieren wir der göttlich duftenden Leber hintennach. Und voilà. Wir sind wieder dort wo wir angefangen haben. Bin ich jetzt aber froh, dass wir das Ganze da vorbeihaben. Das Schlimme ist, dass das nicht meine letzte Prüfung sein wird. Im Herbst müssen wir in den Begleithundekurs. Das wird kein Zuckerschlecken, denn dann bin ich mit Frauerl unterwegs. Und ihr wisst ja, wenn Frau befiehlt, dann heißt es gehorchen. Das Einzige was mich positiv stimmt, ist, dass ich den Kurs mit meinen treuen Hundekursfreunden aus dem Grundkurs machen darf. Und dass er im Herbst stattfindet und ich mich bei herbstlicher

Frische wieder auszeichnen kann. Man darf gespannt sein. Aber das eine oder andere Hoppala wird mir da schon wieder passieren. Sonst wäre ich ja nicht ich selbst. Denn wie sagt mein Herrl immer: Ist der Ruf mal ruiniert, lebt es sich besser ungeniert.

Der Doktor und der liebe Hund

Da ich ja erst knapp ein Jahr alt bin, strotze ich nur so vor Kraft und Energie. Aber auch ich muss regelmäßig zum Onkel Doktor. Na ja, eigentlich darf ich mittlerweile zu einer ganz lieben Frau Doktor gehen. Wie ich noch ein ganz kleines Zwutschgi war, hatte ich mal ein kleines Problemchen mit meinem Fußerl. Mei, das hat vielleicht weh getan. Ich habe mich wahrscheinlich irgendwo angeschlagen, mit meinen kurzen Fußerln war ich ja noch etwas unsicher unterwegs. Mein Herrl hat zwar gemeint, ich solle mich nicht gleich anmachen und ein Indianer kennt keinen Schmerz, aber diese Sprüche haben mir gerade noch gefehlt. Der hatte leicht reden, es war ja nicht sein Fuß, der weh tat. Also hat mich mein Frauerl kurzerhand ins Auto gepackt und ist mit mir zum Doktor gefahren. Das war noch ein Herr Doktor. Leider, und das habe ich euch ja schon erzählt, bin ich ein echter Angsthase und ich fange beim Tierarzt an wie Espenlaub zu zittern. Stillstehen ist in der Tierarztpraxis ein Ding der Unmöglichkeit, ich bin dann ein richtiger und sehr nervöser Zappelphilipp. Aber es half nichts, ich musste untersucht werden, so wie ich herumgehumpelt bin. Gott sei Dank wurde mir nur eine Überbelastung diagnostiziert. Na so was, in meinem zarten Alter sollte ich schon eine Überbelastung haben? Da bin ich wohl zu übermütig gewesen. Und ich sollte Ruhe geben! Wie stellt der liebe Herr Doktor sich das denn vor? Ich und Ruhe geben, das geht ja gar nicht. Auf jeden Fall war ich so was von froh, als wir wieder raus sind aus der Tierarztpraxis. Und mein Frauerl war erst glücklich, dass ihrem Schatzi nix Ernstes fehlte. Nachdem ich ja, wie ihr wisst, ein besonders verwöhnter Pinkel bin, haben meine beiden Lieben dann gleich eine Krankenversicherung für mich abgeschlossen. Offensichtlich sind sie der Meinung, dass ich mich noch öfter irgendwo anschlagen würde oder sonst etwas Gesundheitsgefährdendes anstellen würde. Ehrlich gesagt, ich habe gar nicht gewusst, dass es eine Krankenversicherung für Hunde gibt. Aber beruhigend ist's natürlich, für den Fall dass ich mal was Gröberes habe. Tja, meinen ersten Tierarztbesuch hatte ich somit überstanden. Nachdem ich ein gesundheitsbewusstes Hunderl bin, gehe ich natürlich auch brav zum Impfen. Mit der Spritze habe ich beim zweiten Doktorbesuch allerdings keine guten Erfahrungen gemacht. Da war ich natürlich genauso zappelig und nervös wie immer und der Tierarzt hatte an diesem Tag offensichtlich schlechte Nerven. Auf jeden Fall wurde meinem Frauerl mit meiner Sedierung gedroht, und das in meinem zarten Hundealter von zwölf Wochen. Na hör mal, welcher Tierarzt kann denn so einen Mini-Hund, wie ich es damals noch war, nicht handhaben? Das war auch mir nicht ganz klar, dabei hätte man mich doch mit dem einen oder anderen Leckerli ganz einfach bestechen können. Mein Frauerl war aufgrund dieser tierärztlichen Aussage stocksauer. Die müsstet ihr mal erleben, wenn die so richtig böse ist auf jemanden. Aber ich war echt stolz auf sie. Bravo, liebes Frauchen!

Nach einigen Recherchen und vielen sehr guten Empfehlungen von anderen Hundebesitzern wechselten wir den Tierarzt und ich durfte ab nun eine ganz liebe Frau Doktor in Spielberg besuchen. Obwohl ich natürlich auch bei diesem Tierarztbesuch nur mäßig entspannt war, hatte die liebe Frau Doktor gleich ein sehr verständnisvollen Händchen für mich. Ich weiß auch nicht, warum ich bei den Ärzten immer so hypernervös bin. Derweil regt mich sonst wenig auf. Da wo meine Artgenossen sonst regelrecht ausflippen, wie zum Beispiel bei einem Feuerwerk mit lautem Gekrache oder wenn ein Düsenjet über uns hinwegdonnert, bin ich der gelassenste Hund überhaupt. Aber die Götter in Weiß behagen mir nicht so recht, vielleicht sollten's einmal ihren weißen Kittel ausziehen oder gegen einen färbigen eintauschen. Ich hätte da auch einen gut gemeinten Tipp: Wie wär's einmal mit einem blauen, die Farbe Blau hat nämlich eine beruhigende Wirkung. Ja, und so waren wir wieder zum Impfen bei der neuen Frau Doktor. Ich mag das nicht besonders, aber gegen gewisse Krankheiten müssen wir Hunderl einfach regelmäßig immunisiert werden. Was mein Herrl aber gar nicht versteht, warum ein Hund jedes Jahr aufs Neue geimpft werden soll, wo doch Impfstoffe für Menschen oft jahrelang eine schützende Wirkung haben. Es liegt wohl an seinem Beruf, er ist nämlich ein Zeitungsfritze, umfangreich zu recherchieren. Und ich meine natürlich auch, dass er hier auf sehr interessante Dinge gestoßen ist. Zum Beispiel, dass die US-Amerikaner - und die sind ja bekannterweise eh übervorsichtig - in ihren Hundeimpfrichtlinien für Staupe, Parvovirose und Hepatitis nur alle sieben Jahre eine Impfung vorsehen, für Tollwut und den Canines Influenzavirus nur alle drei Jahre. Da muss sich mein Herrchen als mündiger Hundebesitzer natürlich schon fragen, ob es hier rein ums Wohl beziehungsweise um die Gesundheit von uns Vierbeinern geht oder mehr darum ein volles Wartezimmer zu haben. Werden wir Hunderln doch oft jährlich den ganzen Impfungen unterzogen. Herrchen war zum Beispiel dieses Jahr beim Arzt. Jetzt da er mich immer um sich hat und wir natürlich viel im Wald spazieren gehen, was für mich der tägliche Super-Spaß ist, fiel ihm seine Zeckenimpfung ein. Da hat der liebe Herr wohl einiges verschusselt, seine letzte Impfung lag bereits acht Jahre zurück. Zeckenimpfungen wirken laut Packungsbeilage fünf, bei älteren Personen drei Jahre. Da kam Herrchen auf die Idee, seinen Titer bestimmen zu lassen. Fragt's mich bitte nicht was oder wer der Titer ist. Ich kann mir den Titer nur als einen Impfüberprüfer vorstellen. Auf jeden Fall hat Freund Titer gesagt, dass Herrchen auch nach acht Jahren vollständig geschützt ist. Was für mich irgendwie komisch ist. Wie oft soll Herrchen jetzt zur Impfung? Alle drei, alle fünf oder doch alle acht Jahre? Das ist alles sehr merkwürdig. Eins möchte ich schon sagen, versteht mich bitte nicht falsch, wir sind keine Impfverweigerer, Impfen ist wichtig, damit wir, mein Herrl, natürlich auch mein Frauerl und meine Wenigkeit sowieso, gesund bleiben. Aber zu denken gibt einem das schon. Jetzt bin ich ein wenig abgeschweift, wir waren ja bei meiner lieben Frau Doktor. Die hat mich Zappelphilipp gesehen und gleich gewusst, wie sie mich um den Finger wickeln kann. Nachdem ich ja ein ganz neugieriger Geselle bin, durfte ich kurz einmal eine kleine Runde durch den Untersuchungsraum machen. Und was erschnüffelt hier meinen feine Nase gleich: kleine Leckerliproben. Mein Gott, wie gut die dufteten. Ich durfte mir eine nehmen, das war natürlich die alles entscheidende und äußerst entspannende Strategie, um meine Nerven ein wenig im Zaum zu halten. Danach durfte ich noch auf die Waage, ich war echt stolz auf mein Kampfgewicht. Na ja, und dann gab's eben noch das notwendige Jaukerl. Jetzt habe ich's aber hinter mir. Stolz war ich auf mich, und wie, dass ich das so gut gemeistert habe. Und zum Impfen müssen wir erst wieder in drei Jahren kommen. Diese Tatsache macht meine neue Frau Doktor noch um vieles sympathischer als sie eh schon ist. Das Einzige, das regelmäßig, so alle drei Monate erledigt werden muss, ist meine Entwurmung. Aber irgendwie schummeln's mir diese Wurmtablette immer in mein leckeres Futter. Die merke ich aber gar nicht, weil ich mit meinem knurrenden Magen das exquisite Premium Aras-Futter - der Favorit für meinen verwöhnten Gaumen ist die Mischung „Ente mit Gemüse und Reis" - gleich so in mich reinwürfle.

Fliegendes und krabbelndes Getier

Da ich erst Ende Oktober auf die Welt gekommen bin, kann man mich als waschechtes Winterkind bezeichnen. Alles, was ich um diese Jahreszeit kennenlernen durfte, waren Schneebälle, Schneemänner und unseren Christbaum. Und meine geliebten Spaziergänge mit meinem Herrl durch die Winterlandschaft. Das war echt eines meiner absoluten Highlights, der Mittagsspaziergang mit meinem Herrl in Apfelberg mit abschließender Schneeballschlacht. Die kalte Jahreszeit war für mich als Langhaarschäfer mit meinem damals schon sehr dichten, wenn auch etwas struppigen Fell die perfekte Jahreszeit, um mich mit den Gegebenheiten meiner Umgebung vertraut zu machen. Was dieser Jahreszeit allerdings komplett fehlt, ist das kleine Getier wie Fliegen, Käfer, Schmetterlinge, Ohrenschlürfer und Spinnen. Diese winzigen, oft sehr komisch geformten Viecherln durfte ich erst im Frühjahr und Sommer kennenlernen und ich sage euch, manche von denen treiben mich echt in den Wahnsinn.

Da ich mich hin und wieder auch entleeren muss, besonders dringend wird es oft, wenn mein Herrl wieder einmal zu lange beim
Frühstück sitzt und Zeitung liest und so überhaupt keine Anstalten macht, unsere Morgenrunde zu starten, verschwinde ich eben
in den Garten und erledige dort mal das dringendste Geschäft.
Leider kann ich das Gackerl nicht selbst in das Sackerl geben
und so gibt's die, wie mein Herrchen das so nett nennt, obliga-
te Scheißerlrunde durch den Garten zwar täglich, aber meist erst
abends. Dass die Gackerln nicht gleich ins Sackerl wandern, zieht
nun eine unangenehme Folge nach sich. Meine Gackerln sind ein
äußerst beliebter Treffpunkt von Fliegen. Und nicht nur von einer,
sondern die machen dort immer ihre Jahreshauptversammlung,
anders ausgedrückt, es wurlt dort nur so von den kleinen lästigen
Insekten. Mir stinkt's dort aber zu viel und so suche ich nach
dem Stuhlgang meistens gleich das Weite. Die weitere Folge ist,
dass wir natürlich auch mehr Fliegen im Haus haben. Frauerl hat
sich schon gewundert, warum es heuer so viele sind. Na ja, auf
die Nase binden wollte ich es ihr nicht gerade. Soviel Loyalität
muss sein unter Männern, ich kann mein Herrchen ja nicht gleich
bei der erstbesten Gelegenheit verpfeifen. Auf jeden Fall machen
auch mich Fliegen im Haus wahnsinnig, vor allem, wenn sie irgendwo auf meinem Fell oder in meinem Gesichterl herumtan-
zen. Und dann gehe ich auf Jagd, auf Fliegenjagd. Mittlerweile
habe ich viel Übung und Geschick darin, die kleinen Biester zu
schnappen. Echt nervig ist es, wenn sie sich zwischen den Schei-
ben unserer Schiebetür verstecken, da komme ich mit meinem
Schnauzerl nicht rein. Solche Mistdinger! Aber ich wäre ja nicht
ich selbst, wenn ich nicht schon Strategien für diese Misere entwickelt hätte. Ein kurzes Antippeln der Scheibe mit meinen über-
dimensional großen Pratzerln lässt so manche Fliege vor Schreck
erstarren und schon kommen sie aus besagtem Spalt heraus. Und

die Jagd geht weiter. Leider kommen hin und wieder auch Wespen oder Bienen ins Haus. Dann ist mein Herrl dann gleich zur Stelle und erledigt das mit der Fliegenklatsche.

Was mich auch immer wieder aus der Fassung bringt, sind diese bunten kleinen Schmetterlinge. Ich weiß auch nicht, aber wahrscheinlich macht mich der fliegende bunte Fleckerlteppich einfach unrund. Leider fühle ich mich den kleinen bunten Dingern ziemlich unterlegen. Sie flattern unkoordiniert einfach in die Luft. Wie schön wäre es, wenn ich meine Flügel ausbreiten und zu ihnen fliegen könnte. Ein fliegender Roni. Das wär schon toll, würde meine zwei Lieblinge dann aber wahrscheinlich endgültig in den Wahnsinn treiben.

Besonders interessant find' ich auch die kleinen Spider-Men mit ihren acht überproportional langen Beinen. Die sind mir schon ein bisschen unheimlich, wie sie da so an der Hauswand hängen können. Und ich sag euch, die haben offensichtlich keine Angst vor mir, da kann ich mit meinem Naserl dran fahren und die rühren sich gar nicht. Das ist nicht lustig, wenn die nicht davon krabbeln. Mit denen mag ich nicht spielen, das ist mir schlichtweg zu fad. Allerdings zuckt mein Frauerl sofort aus, wenn sie eine sieht. Ich weiß echt nicht, warum Frauen bei Spinnen immer die Panik bekommen, die tun ja nix. Glaub ich.

Besonders hektisch wird's, wenn auch noch das unheilvolle Surren der Mini-Blutsauger am Abend einsetzt. Da werden Herrchen und Frauchen ganz unrund, fluchen und fangen sich dann an ihren Fußerln und Handerln zu kratzen an. Gelsen sagen die zwei zu den kleinen Mistviechern, die die beiden da immer malträtieren. Mir sind die Gelsen, ehrlich gesagt, total egal. Mit meinem dicken Fell merke ich gar nicht, wenn da die eine oder andere auf mir herumtänzelt. Geschweige denn, dass sie mich stechen. Da ist es schon sehr fein, ein Hund zu sein.

Meine Psychologin

Was bin ich denn für ein ausgeglichener und glücklicher Hund, habe ich doch meine hauseigene Psychologin jeden Tag um mich. Ich meine damit nicht einen der sogenannten Hundeversteher, da gibt es ja schon jede Menge, und die schießen wie die Schwammerln aus dem Boden. Alle glauben, dass sie uns verstehen und analysieren könnten, was in unseren Hundeköpfchen so vorgeht und wie wir zu handhaben sind. Ein besonders Kompetenter ist ja mein Reinhard, der ist wirklich Klasse. Der ist aber auch mehr der Coach meines Herrls und Frauerls, damit sie mit mir nicht ganz verzweifeln. Ohne jetzt jemanden beleidigen zu wollen, aber ich glaube doch, dass es da schon auch einige gibt, die schnell auf diesen Boom aufspringen wollen und das große Geschäft darin sehen. Nein, meine Psychologin hat mit dem Ganzen nichts am Hut. Denn meine Psychotante ist eine richtige Psychologin, so eine Studierte, quasi eine mehr für den Menschen und einen einzigen Hund, nämlich nur für mich, also nur für ihr Roni-Schatzi. Nachdem ich täglich mit meiner Psychotante intensiven Kontakt pflege, bin ich natürlich ein sehr selbstreflektierter Hund geworden. Was noch ausbaufähig ist, ist meine Impulskontrolle. Vor allem an meiner Kleptomanie gepaart mit meinem Schuhfetisch sollte noch intensiv gearbeitet werden. Es wird besser, aber manchmal überkommt's mich halt, vor allem bei ganz neuen und noch tipptopp glänzenden Schuhen. Na ja, wird schon werden, es ist ja noch kein Meister vom Himmel gefallen.

Vor allem für mein sensibles Nervenkostüm ist die hauseigene Psychotante ein Seelenwohl. Als ich noch ein Baby war, und damals war ich ein ziemlich quirliger Typ, der sich ohne Grund gerne mal aufregte, da hat sie mich immer beschützend umarmt. Mein Gott, das hat so gut getan. Da kann ich auch heute nicht genug davon bekommen. Das ist einfach das wunderbarste Gefühl. Aber mein Frauerl ist ja auch meine Ersatzmama, da kann man so etwas schon erwarten, oder etwa nicht? Wenn ich total aufgeregt bin, werde ich von ihr immer an der Brust gestreichelt. Dazu kommen dann die sanften Worte „Ruhig, Roni", „Ruhig, Roni". Dieses beruhigende Ritual wird so lange durchgeführt bis ich mich richtig hypnotisiert fühle und schon fast einschlafe. Und ob ihr's glaubt oder nicht, das hilft wirklich. Und zwar nicht nur bei mir. Wenn uns mein Herrchen zuschaut, wird der vom „Ruhig, Roni" so hundemüde, dass ihm fast die Augerln zufallen.

Mein Frauerl hat den absolut richtigen psychologischen Draht zu mir. Sie kann aber nicht nur beruhigend auf ihr kleines großes Hundesensibelchen einwirken, was sie auch kann, ist äußerst konsequent mit mir umzugehen. Und wenn ich konsequent sage, dann meine ich das auch so. Da gibt's dann aber schon gar nix, wenn ich da nicht spure, ist es aus mit lustig. Aber, so wie ich mich kenne, als einen intelligenten, ausgeglichenen und treuen, manchmal vielleicht etwas übermütigen Freund, brauche ich schon mal eine strenge und vor allem auch eine sichere Hand.

Ein Problem, an dem wir noch arbeiten müssen, ist meine Eifersucht. Ich kann ja so was von eifersüchtig sein, ihr könnt euch das gar nicht vorstellen. Ich weiß auch nicht, was mich da immer reitet, wenn mein Herrchen einen anderen Hund beziehungsweise Lou, den Beagle seines Schwagers, streichelt - ich glaube, ich habe schon von ihm erzählt - dann zucke ich immer komplett aus. Ich gebe es echt nur ungern zu, aber da müssen wohl ein paar Psychotricks her. Weil eigentlich mag ich meinen Lou ja, aber wenn ich so austicke, tut mir mein Freund echt leid. Aber ich bin ja in guten Psychologenhänden, auch dieses Problemchen werden wir sicher noch ausmerzen.

Fit & Fun

Sicher habt ihr schon mitbekommen, dass ich ein ziemlich quirliger Geist sein kann. Herumtollen ohne Ende in meinem Garten, das war schon immer eine meiner großen Leidenschaften. Im Winter wie im Sommer. Dass es nicht nur beim Herumtollen bleibt, sondern dass ich dabei auch das eine oder andere - natürlich nur aus Versehen - anstelle, versteht sich von selbst. Am liebsten tolle ich mit meinem Herrl herum, der hat dafür eine richtige Begabung und weiß, was mir besonders taugt. Da wäre mal meine geliebte Frisbee-Scheibe. Am Anfang war mir der fliegende Teller ziemlich suspekt. Nachgelaufen bin ich dem orangenen Ufo natürlich trotzdem, aber dann: Ich hab's einfach nicht vom Boden bekommen. Doch Übung macht ja bekanntlich den Meister, und beharrlich bin ich ja. Und so wurde das Frisbeespielen mit der Zeit zu meiner Lieblingsbeschäftigung. Bis Herrchen so seine Bedenken bekam. Denn mittlerweile bin ich schon richtig durch die Lüfte gesegelt und habe das Scheibchen mit spektakulären Paraden gefangen. Da ich aber erst wenige Monate alt war und die ganze Hupferei für die Entwicklung meines Knochengerüsts nicht gerade dienlich ist, hat Herrchen die Scheibe im Kasten versteckt. Das war ein Katzenjammer. So ganz ohne mein geliebtes Frisbee.
Aber mein Herrl schaut ja auf mich und ist gleich ins Futterhaus gefahren, um mir etwas genauso Interessantes zu besorgen. Ich muss zugeben, es ist ja nicht so, dass ich keine anderen Spielsachen habe. Mittlerweile habe ich eine eigene Box im Garten, prall gefüllt mit allerlei Dingen wie verschiedenen Schnüren, Steckerln aus Holz und Gummi, einem Paar Turnschuhen sowie ein paar Kauartikeln, mit denen ich gut zu beschäftigen bin. Aber etwas Neues hat natürlich schon seinen ganz besonderen Reiz.

Zurück kam mein Herrchen mit zwei Bällen, so kleinen aus Gummi und Schaumstoff. Die können zur Not auch mal zerbissen werden, wenn mir wieder mal der Sinn danach steht, einfach etwas nach Lust und Laune zu zerkauen. Das Tollste ist aber, was Herrchen mit den Bällen anstellt. Werfen tut er sie nicht, er spielt mit mir Fußball. Das muss man sich so vorstellen, dass er sich wie beim Elfmeter aufstellt und ich vor ihm wie der Tormann in Position gehe. Dann wird angetäuscht, rechts, links, Eisenbahnerschmäh inklusive. Das fordert mich schon recht ordentlich. Ich muss mich voll konzentrieren, dass Herrchen nicht mit dem Ball an mir vorbei trippelt. Und so rennen wir dem Ball quer durch den Garten hinterher. Einmal hat er ihn, einmal ich. Leider geht mir immer zu früh die Puste aus. Ich weiß auch nicht,warum mein Herrchen da mehr Kondition hat, wahrscheinlich, weil ich mit meiner doch etwas stärkeren Behaarung mehr Luftwiderstand hab.

Freizeitgestaltung in unserem Garten bedeutet aber nicht immer nur das Spiel zu zweit, eigentlich kann ich mich auch recht gut selbst beschäftigen. Da hätten wir einmal den Rhododendron vor dem Haus. Den Rhododendron anzuknabbern haben mir meine beiden bald vermiest, weil das gute Pflänzchen ja für uns Hunderl giftig ist. Aber das Beet rundherum hat für mich eine magische Anziehungskraft. Wahrscheinlich liegt es an der humusreichen, sauren und gleichmäßig feuchten Erde und dem kühlen Boden, aber ich grabe hier für mein Leben gern Löcher. So richtig tiefe. Da bekommt Herrchen dann immer die Krise, da der selbstfahrende Rasenmäher drinnen hängen bleibt. Aber er ist beim Lochzufüllen genauso konsequent wie ich beim wiederholten Ausgraben. Manche unserer Gartenpflanzen wurden von mir im Frühjahr einem radikalen Schnitt unterzogen. Ich war echt überrascht, dass die trotzdem noch gewachsen sind und sogar geblüht haben. Das haben meine zwei recht gelassen zur Kenntnis genommen und als eine meiner Entwicklungsphasen abgetan. Da bin ich wirklich selbst gespannt, ob sie damit recht behalten. Wenn wir schon bei den Pflänzchen im Garten sind, ist der Gartenschlauch natürlich auch nicht weit. Ich kann euch sagen, das Gießen mit dem Schlauch, da flippe ich regelrecht aus. Das ist Fun pur für mich. Da schieße ich gleich so herum, wenn mein Herrchen mit mir Wasserspiele macht. Früher hat es für den Gartenschlauch auch noch ein Schlauchwagerl gegeben. Ja, früher, das heißt vor meiner Anwesenheit, gab es noch viele Dinge, die es jetzt nicht mehr gibt. Vor allem ist viel mehr herumgestanden. Aber jetzt gibt es ja mich, Roni, der für Ordnung sorgt, nicht nur im Haus, sondern auch draußen. Und ihr könnt euch denken, das Wagerl mit seinem fünfzig Meter langen Schlauch erregte bald meine ungeteilte Aufmerksamkeit. Ich muss zugeben, das Ding war recht stabil, wenn man bedenkt, was ich alles damit angestellt habe. Zuerst war ich noch recht zurückhaltend und habe mich nur an der Schlauchdüse vergangen und die mal so richtig zerbissen. Schlauchende inklusive. Mein Herrl hat das recht gelassen hingenommen und immer wieder, ich schätze so dreimal, den Schlauch wieder gerade geschnitten und eine neue Düse montiert. Hätte er das noch länger durchgehalten, dann wäre vom Schlauch wahrscheinlich nicht mehr viel über geblieben.

Aber es blieb nicht nur beim Schlauchende. Irgendwann, wahrscheinlich in einem Schub jugendlichen Übermuts, habe ich einmal so richtig angezogen, gleich den Schlauch abgewickelt und mich dann genüsslich am Wagerl zu schaffen gemacht. Das war schon ein ziemlicher Spaß, auch wenn ich wusste, dass es für die Aktion sicher was hinter die Ohren geben würde. Und so kam es auch. Herrchen und auch Frauchen waren nicht mehr so gelassen, ganz und gar nicht. Aber was soll's, dachte ich mir, wenn sie nur den Schlauch wieder aufrollen und das Wagerl wieder und wieder dort hinstellen, wo ich es zu meiner Abend- oder Frühmorgenbeschäftigung machen kann, dann sind sie selbst schuld. Ich muss ja zugeben, dass ich echt Glück hatte, mich mit dem depperten Schlauch nicht selbst zu erdrosseln. So eine lange Wurscht. Wer braucht denn schon einen fünfzig Meter langen Schlauch? Als das Schlauchwagerl allerdings seine Identität als solches verloren hatte, nur mehr gewackelt hat und keinesfalls mehr in der Lage war, diese Schlauchlänge zu tragen, wurde auch da mal aufgeräumt. Und schwuppdiwupp wurde das am Boden stehende Ding durch eine Schlauchrolle, die in sicherer Höhe montiert wurde, ersetzt. Ich meine schon, die sind ziemliche Spielverderber. Einerseits soll ich mich selbst beschäftigen und ruhig und gelassen erscheinen, andererseits nehmen's mir meine Lieblingsspielzeuge weg. Das soll noch einer verstehen. Auf jeden Fall ist der Schlauch seitdem unversehrt und wenigstens mein Herrchen hat daran seine Freude. Ich gönn' es ihm. So kann er sein geliebtes Hochbeet weiter bewässern, ohne dass ihm die Schlauchdüse um die Ohren fliegt. Obwohl das schon ziemlich lustig war.

Da ich ja ziemlich zottelig und mit dichtem und vor allem langem Haarwuchs gesegnet bin, habe beziehungsweise hatte ich auch meinen eigenen Hundepool. „Pool" ist vielleicht ein wenig übertrieben, es war ein größeres Planschbecken. Und ich habe es geliebt, mich bei den hitzigen Temperaturen darin zu erfrischen. Aber noch mehr hat es mir gefallen, dieses Planschbecken nach kurzer Zeit in alle Einzelteile zu zerlegen. Anfangs haben's ja gedacht, meine zwei Lieben, so eine Plastikmuschel, da hat er keine Chance, der liebe Roni. Aber die Rechnung wurde wieder mal ohne den Wirt gemacht. Da ich inzwischen ein ziemlicher Kraftlackl geworden bin, war es für mich ein Leichtes, diese Muschel samt Inhalt zu kippen, um sie anschließend richtig löchrig zu beißen. Dann kamen die richtigen Hundepools. Größer, tiefer, eleganter, aber auch filigraner. Die waren zwar zum Planschen echt Klasse, aber sie hielten meinen Aktionen nicht lange stand. Eigentlich schäme ich mich ja ziemlich für mein unkontrolliertes Verhalten, aber es ist halt so verlockend. Ich will gar nicht weiter darauf herumreiten, aber bis zum Sommerende hatte ich genau sechs der Pools am Gewissen. Ich hoffe, meine zwei Lieben verzeihen mir und haben bis nächstes Jahr die blöde G'schicht vergessen. Weil, ich hätt' schon gerne wieder einen. Vielleicht sollten sie ihn aber diesesmal mauern, damit's ein bisserl länger hält. Als aufmerksamer Leser könnte man echt zum Schluss kommen, meine ganze Freizeitgestaltung dreht sich nur ums Zerknabbern und Zerstören. Ich bin halt gerade in den wilden Jahren. Da kann ich leider im Moment gar nix dagegen machen. Denn auch die Rattangarnitur, auf die mein Frauerl so stolz war, zeigt mittlerweile Gebrauchsspuren, die von meiner nicht ganz sachgemäßen Benutzung kommen. Die Dreierbank hat ein fünfzig Zentimeter großes Loch. Auch hier habe ich mich wohl mal wieder in einem Ausnahmezustand befunden, denn ich hab gerade einmal zwanzig Minuten gebraucht, um das Loch aufzubeißen. Das Blöde daran ist, dass genau dieses Bankerl einer meiner Lieblingsplätze war und ich mich jetzt voll einringeln muss, um dort noch Platz zu haben.

Last but not least darf ich euch auch noch einmal von meinem besten Freund Lou erzählen. Lou ist ein Beaglemischling. Er ist aber eindeutig mehr Beagle als Mischling. Lou ist der Hund von Herrchens Schwager und ein selten guter Trottel. Das meine ich jetzt nicht böse, er ist für mein stürmisches Temperament einfach zu gutmütig. Als ich noch kleiner war, beziehungsweise als wir ungefähr die gleiche Größe hatten, kam Lou oft den ganzen Tag zu Besuch. Wir konnten herumtollen und uns gegenseitig auf den

Nerv gehen. Leider entwickelte ich mit der Zeit die schlechte Angewohnheit, meine Pratzen auf seinen Rücken zu stellen oder mich gleich auf ihn draufzuhängen. Ich bin halt noch ein wenig wuschi im Kopf. Aber zu meiner Entschuldigung sei gesagt, ich bin ja auch erst zehn Monate alt und eigentlich noch ein Kind, obwohl meine stattliche Größe was anderes vermuten lässt. Lou fand das auf jeden Fall weniger lustig und so lieferten wir uns bald heftige Gefechte. Zu allem Überfluss wurde ich auch immer größer und überragte den armen Lou bald um das Doppelte, was es für ihn nicht gerade einfacher machte. Mittlerweile haben die Herrchen unsere Spielenachmittage eingestellt. Mei, das ist ja so schade. Ich vermisse den Lou so sehr. Hoffentlich renkt sich bei mir in meinem Kopferl bald alles wieder ein, damit mein kleiner Freund wieder zu mir kommen darf. Vielleicht sollte ich einen Kurs für gutes Benehmen machen. Weil zu zweit ist's einfach lustiger und es macht gleich doppelt so viel Spaß, etwas anzustellen. Sind ja nur kleine Streiche. Versprochen.

Mein Personaltrainer

Tja, meine Lieben. Ich muss gestehen, ich bin ein verwöhnter Pinkel. Das liegt nicht nur daran, dass ich alles darf, na ja - sagen wir, fast alles - sondern man merkt das unter anderem daran, dass ich einen eigenen Personaltrainer habe. Aber, so wie ich mich kenne, ist das wahrscheinlich gar nicht so verkehrt. Das haben sich wohl auch mein Herrl und mein Frauerl gedacht. Weil manchmal kann ich im wahrsten Sinne des Wortes ein sehr sturer Hund sein. Aber ich glaube, das liegt wahrscheinlich an den Genen. Dafür, dass ich der erste Hund der beiden bin, stellen sie sich aus meiner subjektiven Betrachtungsweise gar nicht so blöd an. Natürlich, Luft nach oben haben die beiden schon noch.

Als ich das erste Mal auf meinen Coach getroffen bin, habe ich ja noch gar nicht gewusst, was das für einer ist. Ich glaube, ich war so sechs Wochen alt, als Herrl und Frauerl in spe mit dem damals noch Unbekannten mich und meine Geschwister in meiner niederösterreichischen Heimat in Enzesfeld besucht haben. Da ich ja eine genetische Langhaar-Mutation bin und meine Geschwister alle nur normale Schäferhunde sind, ist den dreien die Wahl offensichtlich nicht schwer gefallen. Der große Unbekannte war damals mehr der Coach oder Berater meiner zwei Lieben, denn er hat sich ganz ausführlich mit meinem Züchter unterhalten. Was die da wohl so viel über mich zum Reden hatten? Ich bin in der Zwischenzeit aber lieber zwischen Jungherrl und Jungfrauerl hin und her gekrabbelt und hab mich ganz ausführlich knuddeln, streicheln und herzen lassen.

Zwei Wochen später, kurz vor Weihnachten, wurde ich dann abgeholt von den beiden, sie haben sich mit mir wohl gleich ein Weihnachtsgeschenk gemacht. Ich finde, die zwei haben mit mir eine ausgezeichnete Wahl getroffen und mir geht's natürlich auch megamäßig gut mit den beiden in meiner neuen Heimat in der Steiermark. Und als ich im neuen Zuhause aus dem Auto gehoben wurde, war er schon wieder da, der große Unbekannte. Und an allen darauffolgenden Tagen auch. Komisch. Zur Familie gehörte er wohl nicht, weil er immer nur kurz zu Besuch war. Aber schön langsam dämmerte es mir. Der Unbekannte, er heißt übrigens Reinhard Mumper, hatte wohl etwas mit mir zu tun. Da wurden alle möglichen Tipps gegeben, wie meine zwei Junghundebesitzer mit mir umgehen sollen. Einmal durfte ich auch einen Besuch am Hundeplatz in Apfelberg machen. Aber nur zum Spielen, lernen musste ich jetzt noch nichts. Doch so konnte ich schon frühzeitig meine absoluten Highlights am Welpenparcours kennenlernen. Das Einzige, das mir zu dieser Zeit überhaupt nicht behagt hat, war die Fahrt in der Hundebox. Ich meine so im Nachhinein, dafür war ich doch noch zu klein. So alleine hinten im Kofferraum, ich hatte so Angst und wimmerte die ganze Zeit. Aber der Reinhard weiß ja was er tut, denke ich mir halt so. Zumindest hat es mir bis jetzt nicht geschadet, was auch immer er gerade so mit mir anstellt. Übrigens, Autofahren liebe ich mittlerweile. Ich habe bei Frauerl im Auto den ganzen Kofferraum für mich, purer Luxus. Da kann ich ganz faul herumliegen oder auch mal nach draußen schauen, wie es mir gerade beliebt. Das geht mittlerweile schon so weit, dass ich gar nicht mehr aus dem Auto raus will. Was auch immer Herrchen und Frauchen anstellen und versuchen, ich bleibe einfach sitzen. Die sagen ja immer, dass man mit uns Hunderln beharrlich und konsequent sein muss. Jetzt habe ich mir die Beharrlichkeit und Konsequenz von denen abgeschaut und nun haben sie eben den Salat. Und das hat meine zwei Lieben hin und wieder schon der Verzweiflung nahe gebracht. Wie man's macht, ist's falsch. Aber danke, lieber Reinhard, dank deiner Schulung macht mir das Autofahren echt megamäßigen Spaß.

Ja, der liebe Reinhard, der ist wie ein Schatten, er begleitet mich, wenn man es genau betrachtet, eigentlich die ganze Zeit. Nicht nur, dass ich von ihm im Welpengrundkurs unterrichtet wurde, er kommt uns auch regelmäßig zu Hause besuchen.

Einer der kulinarisch interessantesten Besuche war, wie er mit seinem Premium-Futter angetanzt ist. Ich habe nämlich einen feinen Gaumen und habe das vom Züchter mitgegebene Futter total verweigert. Das war so trocken, dass es bei den Ohren rausgestaubt hat. Da bin ich in den Hungerstreik getreten. Weil sich Herrchen und Frauchen natürlich megamäßig Sorgen wegen meiner Nahrungsverweigerung gemacht haben, kam, no na, wieder Reinhard ins Spiel. Ich sage euch, das war wie Weihnachten und Ostern zugleich. Wie gut das schon geduftet hat, das Aras Premium Select-Futter. Und wie viele Sorten es da gibt. Von Wild oder Ente mit Gemüse und Reis über Kaninchen mit Waldbeeren bis hin zum Truthahn mit Birne, jeden Tag steht seitdem bei mir ein Hunde-Haubenmenü am Speiseplan. Da habe ich wohl die richtige Strategie ergriffen, ich bin ja ein g'scheites Hunderl, sonst würde ich mich heute noch mit dem Trockenmampf herumschlagen müssen. Apropos, hin und wieder bekomme ich auch noch ein Ei darübergeschlagen, das ist dann das Tüpfelchen auf dem i.

Grundsätzlich machen meine zwei das eh recht anständig und gut mit mir, aber sie können halt auch nicht alles wissen. Dann kommt wieder Reinhard. Er ist quasi der Hundeproblemchen-Beseitiger. Wie bekommt man mich möglichst schnell stubenrein, wie gewöhnt man mir das Betteln beim Essen ab, wie kann man mich an lockerer Leine führen. Dies und noch viele andere Problemfälle wurden schon gelöst.

Neulich war es dann wieder soweit und Reinhard stand vor der Tür. Was mich allerdings gewundert hat war, dass auch mein Beaglefreund Lou mit von der Partie war. Und es schwante mir schon

Böses. Da hat wohl jemand gepetzt, dass ich den Lou manchmal ein wenig traktiere. Ich muss ja zugeben, wie wir noch gleich groß waren, hat er's leichter mit mir gehabt, der liebe Lou. Ich habe ihn auch ganz toll lieb, aber irgendwie reizt es mich immer mein Pfoterl auf ihn zu stellen, was dann natürlich in einer riesengroßen Rauferei zwischen uns endet. Weil der Lou, der ist schon ein bisserl älter und er wird dann so richtig grantig auf mich. Ja, und dann kracht's auch schon zwischen uns beiden. Also, ich nehme mal an, wir machen jetzt so einen Mediationsquargel, oder? Auf jeden Fall, wie ich auf den lieben Lou los wollte, war schon der Reinhard da. Ma, der hat mich vielleicht zusammengepfiffen. Ui, da hab ich die Hose voll g'habt. Der Reinhard kann nämlich nicht nur super lieb sein, er kann auch ein ganz Strenger sein. Und dann gehorcht man lieber, auch ich. Man will ja den Bogen nicht überspannen und irgend jemanden verärgern. Apropos, es hat natürlich geholfen. Ich habe dem Lou sogar ein Busserl gegeben, aber der hat mich nur angeknurrt. Ich muss jetzt wohl voll lieb sein und wieder Vertrauen aufbauen, sonst schaut's mit unseren so lustigen Spielnachmittagen im Garten schlecht aus.

Es zieht mich im wahrsten Sinne des Wortes halt so zu den andern Hunderln hin, einfach nur um sich gegenseitig zu beschnuppern. Ich bin nämlich ein total gutmütiges Patscherl, das keinem was zu Leide tut. Ich punkte wirklich nur durch Größe. Und diese Größe verursacht so ihre Probleme, weil ich mein Herrl beim Erspähen eines andern Hunderls regelrecht hinziehe. Was diesem natürlich nicht so gefällt. Ich meine aber, dass dieses stramme An-der-Leine-Gehen für ihn auch gesundheitsfördernde Aspekte nach sich zieht. Seit es mich in seinem Leben gibt, hat er nämlich keine Nacken-Verspannungen mehr von der vielen Arbeit am PC. Er müsste mir eigentlich sehr, sehr dankbar dafür sein, erspart er sich doch den Chiropraktiker, und der ist auch nicht gerade billig.

Aber Herrchen sieht das wohl nicht ganz so pragmatisch und Frauchen schon gar nicht. Die geht jetzt nämlich kaum mehr mit mir spazieren, weil ihr meine Zieherei beim Aufeinandertreffen mit meinen Artgenossen auf den Keks geht. Und ihr wisst sicher, wer dann wieder auf der Bühne erschienen ist und den beiden aus der Patsche helfen musste. Ja klar. Der liebe Reinhard stand wieder bei uns auf der Matte. Dieses Mal musste der Kortis, Reinhards Hoverward, für die lehrende Lektion herhalten. Und ich kann euch sagen, auch das war kein Zuckerschlecken für mich. Impulskontrolle hat der Reinhard das genannt. Als ich den Kortis sah und voller Freude auf ihn losstürmte, baute sich Reinhard vor mir auf. Ich glaube, er war jetzt noch zwei Kopf größer als er es sonst schon ist. Ein Riese, der mich auch noch entschieden zurechtwies, mich gefälligst zu beherrschen. Mein Gott, fällt das schwer. Jeder meiner Versuche, mich dem lieben Kortis zu nähern, wurde in diesen Minuten radikal im Keim erstickt. Irgendwann gibt auch der sturste Hund auf und somit auch ich. Und als wir so nebeneinander getrottet sind, hab ich mir gedacht, einmal probier ich's noch, so einen kleinen Überraschungsangriff zu starten. Aber nein, keine Chance.

Wenn ich denke, dass man Herrl jetzt beim Spazierengehen auch so anfängt, dann wird mir schon ganz mulmig. Ich soll jetzt nämlich immer an einer Zehn-Meter-Schleppleine meinen geliebten Morgen-Spaziergang absolvieren, damit mich Herrchen rechtzeitig erwischt. Da bin ich aber gespannt, wie das läuft. Ob er so flink ist, mich trotz zehn Meter Schnur zu erwischen? Wir dürfen gespannt sein. Wahrscheinlich verrenkt er sich dann wieder den Nacken oder Rücken oder sonst was. Schließlich ist er auch nicht mehr der Jüngste, mein Lieber. Dann wird er an die gute alte Zeit zurückdenken, in der ich noch richtig zu anderen Hunderln hingezogen habe. Nacken- und Kreuzmassage inklusive.

Meine fantastischen Spielkameraden

Ich spiele für mein Leben gerne. Es gibt fast nichts Schöneres, als meinem Bällchen oder meinem Frisbee hinterherzujagen oder meine Spielschnur zu verteidigen und so richtig fest daran zu ziehen. Das mache ich meistens mit meinem Herrchen, bei unserer allabendlichen Spielsession. Der kann das auch recht gut und es macht mir auch echt Spaß mit ihm. Aber es gibt da noch zwei weitere kleine fantastische Spielkameraden, die ich zum Knuddeln gerne habe. Das sind die achtjährige Lena und ihr Freund, der Lorenz, alias Lori. Die zwei sind der absolute Hit. Da vergess' ich glatt mein Herrchen und mein Frauchen, wenn die beiden zu Besuch sind. Den Lori kenn' ich ja schon länger, er g'hört ja zur Verwandtschaft. Mein Gott, der Lori hat vielleicht ein gesegnetes Händchen für mich, davon können andere nur träumen. Und das, obwohl er nicht viel größer ist als ich. Aber die Körpergröße ist da ja Nebensache. Irgendwie schafft es Lori immer wieder, dass ich mich fühle wie im siebenten Himmel. Und das ultimative Spielerlebnis ist es, wenn Lena und Lori mit mir herumtollen. Man liest ja immer, dass es nicht ungefährlich ist, wenn kleine Kinder mit uns Hunderln spielen. Da soll auf dies und das geachtet und die Kleinen inklusive dem pelzigen Spielgefährten sollen nie aus den Augen gelassen werden. Aber ich bin bei Spiel und Spaß mit meinen zwei Spielkameraden so was von tiefenentspannt und so selig, dass mich die beiden sogar an meiner Rute ziehen oder mich auch so richtig durchknuddeln können, dass mir schon ganz schwindelig wird.

Mein Lori spielt ja auch so gerne mit unserem Gartenschlauch. Wie für viele Kids hat Wasser auch für mich etwas Magisches an sich. Ich war gegenüber der Herumspritzerei anfangs etwas skeptisch und bin herumgesprungen wie ein aufgescheuchtes Henderl.

Aber der kleine Bengel hat nicht aufgehört und mich mit seiner Begeisterung angesteckt. Jetzt hupfen wir beide herum, genießen die kühlenden Tropferln und schauen nachher aus wie zwei begossene Pudel.

Die Lena ist Loris beste Freundin. Ich durfte erst vor kurzem bei unserem Almurlaub auf der Höllerhütte ihre Bekanntschaft machen. Mei, ist das ein liebes Mäderl. Mir kommt's vor, als ob wir uns schon ewig kennen würden, weil sie weiß ganz genau, was ich so mag. Und auch was ich nicht so schätze.

Da wären zum Beispiel meine Rastalocken. Nachdem ich ja ein ziemlich behaarter Typ bin, entstehen bei mir recht schnell so Wollknäuel, die trotz meiner intensiven Fellpflege nicht so recht verschwinden wollen. Obwohl, hippig schauen meine Rastas schon aus. Das hat nicht jeder und das macht mich natürlich noch interessanter als ich eh schon bin. Sorry, ein wenig eitel darf ich schon sein. Ja, und dann kam Lena. Ich glaube, sie hat mich sicher über mehrere Stunden hinweg entknäuelt. Das war vielleicht ein Hochgefühl. Da hab ich mich ganz entspannt aufs Ohr gehauen, während Lena mich sozusagen entfranst hat. Da habe ich natürlich meinen charmantesten Blick aufgesetzt. Ich kann nämlich ein richtiger Charmeur sein, das könnt ihr mir glauben. Da werden fast alle Herzen schwach, nicht nur die der Damen.

Einmal waren Lena und Lori auch gemeinsam bei uns zu Besuch. Das war vielleicht eine Freude. Mit den beiden im eigenen Garten herumzutollen, Ball zu spielen, meinem Frisbee hinterher zu jagen oder zu dritt eine kleine Burg zu bauen, in der wir uns dann alle versteckt haben. War halt ein wenig eng da drinnen, ich glaub ich bin mehr auf Lena und Lori drauf gesessen, sonst hätten wir alle zusammen nicht genug Platz gehabt.

Leider sind die beiden dann ins Wohnzimmer verschwunden, um sich so einen Film anzuschauen. Fernsehen ist ja nicht unbedingt meins, das ist mir einfach zu laut. Unrund werde ich außerdem, wenn ich da aus der flachen Scheibe an der Wand auch Hunde bellen höre. Das ist irgendwie komisch. Aber was soll's. Auf jeden Fall zieht es mich so magisch zu den beiden Kleinen, dass ich jetzt aber partout doch fernsehen wollte. Eine echte Krux sind die beiden Türen ins Wohnzimmer. Da waren Herrchen und Frauchen ja wieder besonders schlau und haben zwei Schiebetüren eingebaut. Na hallo, geht's noch? Ihr glaubt doch wohl nicht im Ernst, dass ein hochbegabter Schäferhund wie ich sich von so etwas aufhalten lässt. Obwohl sich heute ja eh schon jeder zweite als hochbegabt und auch hochintelligent bezeichnet, gibt es hier offensichtlich doch noch feine Nuancen, die manche einfach begabter machen als andere. Ja genau, liebe Leserinnen und Leser, auch Schiebetüren stellen für mich höher als hochbegabten Hund kein Problem dar. Ich muss mich zwar gehörig anstrengen, aber ich schaffe es, dieses leidliche Türsystem zu öffnen. Und das ohne etwas anzubeißen oder zu beschädigen. Nicht schlecht, oder? Also Tür auf und los zu den beiden auf die Couch. Ab ins Kinovergnügen mit meinen fantastischen Spielkameraden Lena und Lori.

Schleckermäulchen

Wie war das noch mal? Du sollst deinen Hund nicht vom Tisch füttern! Der Hund darf bei Tisch nicht betteln! Und so weiter und so fort. Meine zwei Lieben essen Pizza, Rinder- und Lachssteak, und mir kommen sie wieder mit meinem Dosenzeugs. Obwohl, zugegebenermaßen, mein Dosenfutter eine absolute Hundedelikatesse ist, die Haubenküche für den Hund, und wahrscheinlich mehr kostet als ein Durchschnittsösterreicher täglich fürs Essen ausgibt. Trotz alledem stellt das Essen auf Herrchens Tisch eine sehr große Versuchung dar. Und, meine Lieben, ich bettle auch nicht, ich schau' Herrchen und Frauchen einfach nur sehr intensiv beim Essen zu. Das ist schon ein wesentlicher Unterschied, oder etwa nicht? Folglich habe ich auch kein Verhaltensproblem. Es kommt nämlich immer auf die Sichtweise an, und aus meiner Sicht ist mein Verhalten absolut ok. Herrchen meint, wenn es uns nicht stört oder nervt, dann ist das auch kein Problem. Wenn es nur andere stört, ist es deren Problem und nicht unseres. Außerdem mache ich das auch nur bei meinen beiden. Da sind nämlich die Chancen etwas zu ergattern mit Abstand am höchsten, vor allem bei Frauchen.

Ich muss ja ehrlich zugeben, dass ich als kleiner Welpe gar nicht auf die Idee gekommen wäre, meinem Herrchen beim Essen zuzuschauen. Rein anatomisch wäre das auch schwer möglich gewesen, ich hätte mir wahrscheinlich den Hals verrenkt, so hoch war damals der Esstisch für mich. Aber ich wuchs in Windeseile. Schon bald konnte ich sitzend genau inspizieren, was es denn diesmal wieder Gutes gibt. Und ich sage euch, Herrchen, aber auch Frauchen, kochen exzellent. Kein Wunder, dass sie kaum essen gehen, zu Hause schmeckt's ihnen wahrscheinlich besser. Es schaut nicht nur lecker aus, was da immer am Teller liegt, es riecht auch noch so verboten gut. Zart rosa gegarte, auf der Zunge zergehende Sous-Vide-Steaks, delikat riechende Lachsfilets, deftige Pizzen oder in Weißwein gekochte Meeresfrüchte, bei uns herrscht Abwechslung am Tisch. Herrchen hat ein absolutes Faible für Nudeln. Nudeln in allen Formen und Variationen. Nicht nur zuhause. Vor allem unter der Woche ist wenig Zeit zum Kochen und so kommen regelmäßig die leckeren Teigwaren auf den Tisch. Hier teilt er seine Spaghettileidenschaft mit Birgit und so kochen die beiden Nudeln mit Tomatensoße, Ricotta, Basilikum oder verschiedenen Pestos. Und was Herrchen kocht und verspeist, kann ja eigentlich nur etwas Gutes sein, denke ich mir.

Tja, und da ich mittlerweile allzu gut weiß, wie ich zu etwas komme, lasse ich wieder den Charmebolzen raushängen. Nicht aufdringlich sein, einfach neben Herrchen Platz nehmen und ihm beim Essen zugucken. Schon hab' ich den Lieben um den Finger gewickelt und eine Spaghetti-Nudel ist in meinem Mäulchen verschwunden. Apropos: Ich mag nur Spaghetti, die anderen Nudelsorten wie Spiralnudeln oder Tagliatelle können mir gestohlen bleiben. Was erstaunlich ist und mich selbst ein wenig gewundert hat, ist die Tatsache, dass ich von Anfang an ein richtiges Talent hatte, diese langen dünnen Nudeln zu verspeisen. Da wird tatsächlich gar nix auf den Boden gekleckert. Ich habe nämlich ganz genau zugeschaut, wie man mit den langen Dingern umgeht. Vorsichtig ins Mäulchen nehmen und genüsslich hineinsaugen. Auf jeden Fall liebe ich Spaghetti genauso wie mein Herrl. Das heißt jetzt aber nicht, dass ich da eine ganze Portion bekomme, leider. Hin und wieder ein Nudelchen. Das reicht, meint er.

Grundsätzlich ist Herrchen da ja konsequenter als Frauchen. Da gibt's nicht immer was. Mittlerweile merke ich schon recht schnell, wann er in Geberlaune ist und wann nicht. Bei seinem

Frühstück bekomme ich nichts. Das Körndlzeugs, das der da immer isst, kann mir sowieso gestohlen bleiben. Das schaut nicht gut aus und duften tut's auch nicht. Bei meinem Frauchen schaut die ganze G'schicht schon anders aus. Frauchen hat zwar immer gesagt, dass das Essen vom Tisch so gar nicht in Frage kommt, aber da hat sie leider auf ganzer Linie versagt. Sie kann meinem Charme einfach überhaupt nicht widerstehen und wird sofort schwach, wenn ich meinen verführerischsten, herzzerreißenden Unschuldsblick aufsetze. Da ich ja auch zu den klassischen und bestens ausgebildeten Küchenbegleithunden zähle und beim Kochen selbstverständlich in der Küche Platz nehme, ist mir das Mitschnabulieren schon in die Wiege gelegt worden. Das war wahrscheinlich schon ein erster Erziehungsfehler meiner zwei Lieblinge. Ich meine aber, man sollte ihnen das durchgehen lassen, zumal die Küche ja das Herz des Hauses ist, in der man oft gesellig zusammensitzt. Wie könnte ich da fehlen?

Apropos sitzen. Herrchen und Frauchen essen jetzt immer öfter in der Küche. Man könnte meinen, das hat mit der hohen Platte ihrer Kücheninsel zu tun. Sie ist nämlich so hoch, dass es sogar mir hier schwer fällt, mein verwöhntes Näschen überall hineinzustecken.

Küchenbegleitung fängt bei uns selbstverständlich schon beim Frühstück an. Oft kocht sich mein Frauerl nämlich ein weiches Ei. Und dazu gibt es Butterbrot. Mmmhh. Wie ich das liebe. Kleine Butterbrothäppchen zum Degustieren. So setze ich mich diesmal an die weiblich dominierte Tischseite und schwuppdiwupp wandert schon das erste Stückchen ihres Frühstückseis in mein Maul. Und das zweite, und das dritte. So teilen Frauchen und ich brüderlich Ei und Brot, ein Bissen für mich, ein Bissen für sie. Hin und wieder wird bei uns auch gegrillt. An den Holzkohlengrill traue ich mich nicht, der ist so heiß, dass ich schon in zwei

Metern Entfernung zu schwitzen beginne. Aber was da so Tolles gegrillt wird: Steaks und Fisch. Am besten schmeckt meinen beiden gegrillte Seebrasse. Das kann ich gut verstehen, denn das Fischerl duftet einfach herrlich. Da rinnt mir schon das Wasser im Maul zusammen. Und ihr könnt dreimal raten, wer mir immer ein Stückchen, natürlich grätenfrei, serviert. Richtig. Frauchen hat Erbarmen mit mir.

Was lernt jetzt ein hochbegabter Hund wie ich es bin aus der ganzen Sache? Strikte Konsequenz und Beharrlichkeit ist der Schlüssel zum Erfolg. Ein Erfolgserlebnis, für das es sich zu kämpfen lohnt und das auch noch außerordentlich gut schmeckt. Und zudem meinem Feinschmeckergaumen höchste lukullische Genüsse bereitet.

Ab in den Urlaub

Meine zwei Lieben, also Frauchen und Herrchen, sind schon zwei Genießer. Einerseits genießen wir unser schönes Zuhause. Weil so schlecht haben wir's ja nicht getroffen. Ein schönes Haus und ein noch schönerer Garten. Aber immer nur zuhause bleiben ist den beiden einfach zu eintönig und so geht's doch regelmäßig auf Reisen. Auf längere und kürzere. Seit ich mit von der Partie und somit ein vollwertiges Familienmitglied bin, waren die beiden schon viermal unterwegs. Für mich besonders schön ist, dass ich meistens mit darf.

Mein erster Urlaub führte mich ins tief verschneite Schladming. Skiurlaub stand am Programm. Da war ich nicht einmal drei Monate alt, also noch ein ganz kleiner Scheißer. Das im wahrsten Sinne des Wortes, weil zu dieser Zeit ging noch hin und wieder was daneben. Anders ausgedrückt: Ich hinterließ meine Häufchen nicht immer dort, wo sie hingehören. Echt super war am Skiurlaub, dass Lou, der Beagle, mit von der Partie war. Während also meine Herrschaften die Skipisten runterwedelten, passte Eveline, die Schwester meines Frauchens, auf uns zwei Bengel auf.

Die hatte damit schon alle Hände voll zu tun, da sie ja auch noch ein kleines Butzi hat, den Oskar. Aber irgendwie haben wir recht gut zusammen gepasst. Denn auch der kleine Oskar hinterlässt noch so manche Stinker, da bin ich gar nicht so sehr ins Gewicht gefallen. Der Kleine hat aber diesbezüglich einen eindeutigen Vorteil. Seine Häufchen landen in einer Windel, meine irgendwo versteckt im Zimmer. Leider riecht man sofort, wenn meine Wenigkeit mal wieder aktiv war. Und ich sag' euch, da war vielleicht viel Schnee. Meterhoch war der. Das war schon ein wenig angsteinflößend für mich Zwerg, zwischen diesen riesigen Schneewänden zu spazieren, aber ein Erlebnis war's allemal.

Da Herrchen und Frauchen es immer nur eine bestimmte Zeit zuhause aushalten, warum auch immer, ging es im Sommer in die Berge. Auf eine echt coole Almhütte. Da gab es viel zu entdecken und noch mehr anzustellen. Zum Beispiel lernte ich Kühe kennen, von denen hab' ich euch eh schon erzählt. Das sind vielleicht respekteinflößende Riesenviecher. Und ich musste feststellen, dass ich zwar ein richtiges Bröckerl für einen Hund bin, aber dadurch auch ziemlich behäbig. Vor allem, wenn mich die kleinen Katzerln vom benachbarten Bauernhof wieder mal geärgert haben und ich ihnen an den Kragen wollte. Absolut keine Chance. Die kleinen Biester waren so was von flink und so schnell auf ihren zarten Beinchen, da ist mir echt die Luft weggeblieben. Irgendwann habe ich dann einfach resigniert und Katze Katze sein lassen. Schwer war das allerdings schon. Aber wieder ein kleiner Beitrag zur Entwicklung meiner Impulskontrolle.

Was mir nicht so getaugt hat, war der Griechenlandurlaub, in den zwar Leo, Frauchens Neffe mitdurfte, wo ich aber zuhause bleiben musste. Mei, da war ich vielleicht sauer auf die beiden. Weil erst dachte ich noch, die beiden sind nur kurz weggefahren, was ja öfter mal vorkommt, zum Beispiel, wenn sie einkaufen gehen. Merkwürdig fand ich nur, dass die beim Wegfahren so schwere Packerln mithatten. Normalerweise kommen sie mit schweren Sackerln heim, jetzt aber war's umgekehrt. Aber was weiß man schon, auf welche irrwitzigen Ideen die kommen. Doch die Zeit verging und niemand ist zu mir nach Hause gekommen. Dann wurde es finster und die beiden waren noch immer nicht da. So habe ich mich vor die Haustür gelegt und gewartet und gewartet. Gott sei dank war Frauchens Schwester Eveline da. Sie hat das Haus meiner zwei Lieben gehütet. Und Eveline wurde in dieser Woche meine Ersatzmama. Danke, liebe Eveline, dass du dich so toll um mich gekümmert hast, in der für mich so schwierigen

Zeit, in der mich Herrchen und Frauchen einfach sitzen gelassen haben. Nach zwei Tagen Trübsal habe ich mir dann gedacht, wenn sie mich so allein zurücklassen, dann sollen sie. Denn Eveline und mein Oberspezi Lori lasen mir in dieser Woche jeden Wunsch von meinem Mäulchen ab. Insofern hab ich es gut getroffen, die Woche war wie im Hundeparadies. Lori spielte die ganze Zeit mit mir. Am Vormittag, am Nachmittag und am Abend. Das war der ultimative Hit. Bällchen schießen, Frisbee fangen und zwischendurch haben wir mit dem Gartenschlauch geplanscht und dabei die Terrasse so richtig eingewässert. Yippie, das war ein Spaß. Ich hab mich gefühlt wie in einem All-Inclusive-Klub mit einem Vollzeit-Animationsprogramm. Auch der kleine Oskar war mit von der Partie. Er war aber die meiste Zeit drinnen, denn es war sehr heiß in dieser Woche. Und ich habe natürlich auch auf ihn ganz toll aufgepasst. Ich habe mich ja selbst kaum wiedererkannt. Denn normalerweise mag ich die Affenhitze wegen meiner starken Behaarung so gar nicht, aber diesmal hab' ich ganz drauf vergessen. Ich war im absoluten Lori-Spielfieber.

Eines schönen Tages ist meine Ersatzmama Eveline mit vielen Packerln nach Hause gekommen. Die sollten alle für mich sein? Komisch, es ist doch noch gar nicht Weihnachten. Und bis zu meinem Geburtstag dauert es ja auch noch. Und brav war ich ... na ja, wohl auch nur mittelmäßig. Aber das mit Bravsein ist halt so ein Sache. Es ist ja nicht so, dass ich es nicht versuche. Ich schwöre, ich versuche es wirklich und nehme das auch total ernst, aber mein Charakter ist eben mehr von Impulsivität und unüberlegten Handlungen geprägt. Von wem ich das wohl habe? Eigentlich sind Leithawald-Hunde ja die Ausgeglichenheit in Person. Na ja, es heißt doch, Ausnahmen bestätigen die Regel und somit bin ich eben die Ausnahme. Und als Ausnahmeerscheinung, die ich nun mal bin - und darauf bin auch megamäßig stolz - kann ich mit meinen kleinen und auch größeren Eskapaden sehr gut leben. Wie sich das so für meine Umgebung gestaltet? Ich finde, die sollen sich gefälligst anpassen und das eine oder andere Malheur einfach tolerieren. Mein Frauchen sieht das auch so, zumindest meistens. Nur wenn ich den Bogen wirklich total überspanne, dann kann die ganz schön ausrasten. Ich sag' euch, Frauchen kann richtig laut werden. Da gibt's dann sprichwörtlich schon mal was hinter die Löffel. Das beste Mittel dagegen ist, sich in ein Winkerl zu verkriechen und den herzzereißendsten Unschuldsblick aufzusetzen. Und schon hab' ich Frauchen wieder in der Tasche. So einfach geht das, meine Lieben! Bei Herrchen hilft der Unschuldslammblick nicht immer, aber lang ist auch er nie auf mich böse.

Jetzt bin ich ein wenig abgeschweift, wir waren ja beim Weihnachtsfest mitten in den Hundstagen. Lauter bunte Packerln standen da vor mir. Durfte ich die vielleicht auch selbst auspacken? Ich kann das nämlich echt gut, wenn Herrchen mir ein besonderes Leckerli inklusive Verpackung gibt. Kunststoffverpackung aufgerissen, Inhalt verzehrt. Ruck zuck geht das bei mir. Die Sommerweihnachtspackerl hat dann doch die Eveline ausgepackt. Was da alles für interessante Dinge drinnen waren. Bunte Stangerln, eine meterlange Stoffwurscht und sonst noch einiges, was ich nicht genau zuordnen konnte. Irgendwo habe ich so einen Stofftunnel schon mal gesehen, wenn ich mich nur erinnern könnte, wo das war. Dann haben's die Steckerln in die Wiese gesteckt, echt cool, ein richtiger Slalom. Der Stofftunnel wurde ausgefaltet. Mein Gott, jetzt weiß ich wieder wo so einer steht, in meiner Hundeschule! Dann kam noch eine Art Reifen, der an einem Gestell montiert wurde. Ich wurde aufgeklärt, dass es sich hierbei um ein Agility-Set handelt. Was ist denn das schon wieder? Agility? Wer braucht denn das? Ist das vielleicht etwas zum Fressen? Nein, das war der falsche Schluss, ich wurde gleich vertrieben, als ich mal genüsslich dran knabbern wollte. Ich stand auf jeden Fall komplett auf der Leitung, was ich mit dem bunten Zeugs anfangen sollte. Essen darf man's nicht, nur zum Anglotzen sind die Dinger aber wahrscheinlich auch nicht da. So sprang mein Lori in die Presche und zeigte mir, was Agility ist. Ein supertoller Hindernis-Parcours. Mei, da hätte ich aber auch selbst drauf kommen können. Eine meiner Lieblingsbeschäftigungen. Wenn sie gleich Fit & Fun zu mir gesagt hätten, hätte ich's kapiert. Und schon geht's los. Mit Vollspeed in die Kurve durch den Stangenwald. Das ist ja megacool vor allem, wenn mein kleiner Freund Lorenz mitmacht. Nur die Kippstangentechnik beherrsche ich noch nicht so, da haut's mir das Stangerl immer aufs Schnauzerl. Der Tunnel ist aber schon ziemlich eng. Als ich das letzte Mal durch so etwas durchgekrabbelt bin, hatte ich ein Zehntel von meiner jetzigen Körpergröße. Mich überkommt das unangenehme Gefühl, dass ich dafür schon etwas zu groß bin und darin stecken bleiben könnte. Aber was soll's. Man muss auch was riskieren im Leben, rein in die Wurscht. Eng ist's da drinnen schon und voll dunkel. Schnell durchwursteln, sonst bekomme ich noch einen klaustrophobischen Anfall. Das wäre dann der Super-Gau. Kleptomanische Impulskontrollstörung in Kombination mit Klaustrophobie. Das ist sicher unheilbar, da könnte mir nicht einmal meine Super-Psychologin helfen. Aber irgendwie hab' ich es durch den Tunnel geschafft. Jetzt bin erst mal so richtig stolz auf mich. Aber schon geht's weiter. Was soll ich jetzt schon wieder machen, bitteschön? Durch einen Ring springen? Ein Kinderspiel für mich und Hopp und durch. Nicht schlecht, was ich heute bekommen habe, das könnte man noch ausbauen. Und ich habe da auch schon eine Idee. Nochmals schnell durch den Stangenwald, rein in den Tunnel, ein impulsiver Sprung durch den Reifen und jetzt kommt das i-Tüpferl, ein Sprint auf die Terrasse und rein ins Blumenbeet.

Ui, das ist nicht so gut angekommen bei Eveline. Da gibt's jetzt wohl eine Standpauke. Aber cool war's trotzdem.

Agility stand jetzt jeden Tag am Programm und so entwickelte sich die Woche ohne Herrchen und Frauchen noch zu einem richtigen Highlight. Als die beiden dann gnädigerweise wieder nach Hause gekommen sind, hab' ich sie schon gar nicht mehr vermisst. Ich hab' gleich einmal den großen Macker raushängen lassen und ihnen die kalte Schulter gezeigt. Obwohl, innerlich hab ich mich wie ein neuer Schilling gefreut, dass sie wieder da sind. Aber das sollten sie nicht gleich merken. Irgendwann bin aber auch wieder aufgetaut. Dann haben wir uns alle drei, Herrchen, Frauchen und ich so richtig geherzt und die Welt war wieder in Ordnung.

In den folgenden Wochen genossen wir den Sommer in vollen Zügen. Oft wurde gegrillt, natürlich gab's da auch für mich das eine oder andere Häppchen und am Abend haben wir gemeinsam draußen gechillt. Meine beiden Lieben bei einem Fläschchen Wein und ich bei einem Schweinsohr. Herz, was willst du mehr? Aber dann kam schon wieder Unruhe auf und die Koffer wurden gepackt. Können die zwei denn nie Ruhe geben und unser Zuhause genießen? Leider habe ich da kein Mitspracherecht, demokratisch ist das bei uns recht fragwürdig. Also wieder rein ins vollgepackte Auto. Das Gute an diesem Kurzurlaub war, dass ich auch wieder mit durfte, an den Neusiedlersee. Ich muss meinen beiden ja zugutehalten, dass sie immer versuchen mich mitzunehmen, wohin es auch geht, sei es zum Essen, in den Urlaub oder zum Einkaufen. Und da ich ja ein pflegeleichtes Hündchen bin - wenn ich nicht gerade wieder mal was aushecke - stellt das meistens auch kein Problem dar. Der Neusiedlersee schaut ja eigentlich nicht sehr einladend aus, aber Herrchen meinte, er müsse wieder einmal Windsurfen gehen. Wenn er meint. Ich muss das nicht.

Untergebracht waren wir in der Arche - Zur Grube im „Natürlichen Kräuterzimmer". Das war fein, da stand ein richtig kuscheliges Doppelbett. Da kann Hund nicht widerstehen, da muss man sich einfach reinkuscheln. Und man höre und staune, diesmal war das auch kein Problem und hatte auch keine strafenden Worte für mich zur Folge. Hunde sind hier nämlich nicht nur erlaubt, sondern ausdrücklich willkommen. Na wenn das so ist, dann habe ich mein Platzerl für die nächsten vier Tage schon gefunden. Das fängt ja schon ausgezeichnet an. Dass es in der Arche auch so einiges zu entdecken gab, machte meinen Aufenthalt sehr abwechslungsreich. Nur der Esel und die vielen Ziegen waren mir ein wenig unheimlich. Sogar eine eigene Hundezone gibt es da in Podersdorf mit einem Seezugang, an dem nur wir Hunderl baden dürfen. Auch wenn ich danach ausgeschaut habe wie nach einem Schlammbad, getaugt hat es mir schon. Da können wir nächstes Jahr wieder hinfahren. Das ganze Jahr zuhause halten es meine beiden Lieben ja eh nicht aus.

Heute geh' ich mit Herrchen arbeiten

Irgendwann fängt für jeden von uns der Ernst des Lebens an. Natürlich auch für mich, ich kann ja nicht die ganze Zeit auf der faulen Haut liegen und nur meinen Freizeitvergnügungen nachgehen und schlafen und essen und schlafen und essen. Das ist sogar mir auf die Dauer zu eintönig. Da mein Herrchen ja ein ziemlich umtriebiges Kerlchen ist und nicht nur mein Büchlein hier schreibt, sondern seine eigene Werbeagentur betreibt und auch ein Magazin herausgibt, wurde es Zeit, dass auch ich mich hier einzubringen versuche. So gut es halt geht, Übung macht ja bekannterweise den Meister. Immerhin habe ich mich verhaltensmäßig soweit stabilisiert, dass man sich mit mir sehen lassen kann, meint mein Herrchen.

Als Herausgeber seines Aichfeld Plus Magazins ist er natürlich sehr viel unterwegs und besucht ganz viele nette Menschen in ihren Betrieben. Er liebt den persönlichen Kontakt mit seinen Unternehmern. Und so ging es an meinem allerersten Arbeitstag ins benachbarte Judenburg, wo wir einige seiner Stammkunden besuchten. Ich hab' ja keine Ahnung, wo Judenburg liegt, aber ich war schon so aufgeregt, was da jetzt wohl auf mich zukommen wird. Als wir ausgestiegen sind, habe ich eines gleich gewusst: Ich liebe Judenburg. Lauter neue Gerüche, wie es da gut duftet. Jede Hausecke war für mich ein magischer Anziehungspunkt, von dem ich mich nur äußerst schwer trennen konnte. Herrchen fand das mit der Zeit weniger toll, weil wir natürlich unendlich lange für eine winzige Wegstrecke brauchten. Auch konnte ich hier bei den Judenburgern wieder so richtig Eindruck schinden. In Knittelfeld kennt mich ja schon fast jeder, doch hier ist der Roni noch nicht gewesen, das zieht natürlich die Blicke auf mich. Ich weiß, manchmal bin ich ein richtiger Schnösel, weil ich halt so stolz auf meine erhabene Erscheinung bin. Und schon sind meine Bewunderer wieder da. Was ich denn für ein schöner Hund bin, was ich denn für einen treuherzigen Blick habe. Natürlich gefällt mir das, wenn man mich so hofiert. Wem nicht? Irgendwie schaffen wir es dann doch zu Herrchens erster Kundin in die Steinmetzmeisterei Faleschini. Das ist eine ganz nette Dame, das hab ich gleich gemerkt. Ich glaube, die hat sich gleich in mich verliebt. So was merkt man einfach, wenn einem die Herzen zufliegen. Und weil ich heute mal ein ganz Braver sein und einfach den besten Eindruck hinterlassen wollte, habe ich mich auch gleich auf einen Platz gelegt und den beiden bei ihrem Tratscherl zugeschaut. Ich glaube, Herrchen und Frau Faleschini verstehen sich recht gut, wie die lange gequatscht haben. Da bin ich schon fast weggebüselt. Irgendwann hat's mich dann aber doch gejuckt und ich habe mich an den beiden vorbei ins Lager geschlichen. So eine kleine Erkundungstour durch eine Steinmetzerei kann ja nicht schaden, da gibt es sicher einiges zu entdecken. Und da fand ich auch schon etwas, das schon immer zu meinen Lieblingsspielzeugen gehörte, einen wunderschönen Besen. Das Gepoltere hat natürlich auch Herrchen vernommen und schwuppdiwupp hat er mir den Besen auch schon wieder abgeknöpft. Und weg war er wieder. Schade. Aber den Versuch war's einfach wert.

Dass ich bewundernde Blicke auf mich zog, merkte ich, als sich am Hauptplatz plötzlich gleich mehrere Unternehmer um mich scharten. Das ist ja toll, dachte ich mir. Da bekomme ich sicher extra Provisionen, wenn jetzt gleich alle zusammenlaufen und Herrchen sich somit einige Wege ersparen kann. Das nennt man Effektivität. Weiter ging's dann noch in eine Tanzschule, da hat mich Herrchen aber im Auto gelassen. Wahrscheinlich hatte er Bedenken, dass die vielen sich rhythmisch bewegenden Beinchen eine zu große Verlockung für mich darstellen würden. Die Sorge ist natürlich vollkommen unbegründet, weil ich noch nie jemanden ins Wadl gezwickt habe. Es kann schon mal sein, dass ich jemandem nachlaufe, wenn der zu hektisch agiert. Aber mehr als ein interessiertes Schnüffeln und ein treuherziger Blick sind noch nicht passiert. Und das wird auch so bleiben. Ehrenwort. Zu guter Letzt durfte ich auch noch die Damenmodeboutique Moda Theresa besuchen. Die Chefin kannte ich schon gut, weil sie unsere Nachbarin am Knittelfelder Hauptplatz ist und auch regelmäßig zu uns rüber kommt. Das ist eine ganz liebe Dame, die Theresa. Seit kurzem gibt es dort eine neue Inhaberin, die habe ich auch ganz toll lieb. Die Neue, Karin heißt sie, hat mich so richtig um den Finger gewickelt, weil sie mir immer so kleine Leckereien vorbeibringt. Das hat schon was, wenn man nicht nur ausgiebig durchgeknuddelt, sondern auch gleich kulinarisch verwöhnt wird. Aber jetzt mach ich mir's gemütlich in unserem Büro und lese mal eine g'scheite Zeitung. Vielleicht schaff' ich ein oder zwei Seiten bis ich wieder wegdöse nach diesem ganzen Arbeitsstress.

Der Womanizer

Nachdem ich schon im Welpenalter die Herzen vieler weiblicher Fans im Sturm erobert habe, bin ich auf diesem Gebiet nicht so ganz unerfahren. Zumindest, was den platonischen Teil angeht. Herrchen hat mich schon damals immer als Womanizer bezeichnet. Jetzt habe ich mal in Wikipedia nachgelesen, was einen Womanizer definiert. Ein Womanizer ist ein männliches Wesen. Ok, das trifft schon mal auf mich zu, da hat er recht. Aber dann steht hier weitergeschrieben, dass dieser Womanizer häufig, meist sexuelle, Bekanntschaften mit verschiedenen weiblichen Wesen unterhält. Aber bitte, wo kommen wir denn da hin? Woher willst du das denn wissen, mein liebes Herrchen? Noch bin ich nämlich die Unschuld vom Lande. Allerdings komme ich jetzt schön langsam in ein Alter, wo mich das Sexuelle schon zu jucken anfängt. Auf unseren Spaziergängen begegnen uns nämlich schon ganz heiße Feger. Da tanzen meine Hormone schon mal Tango.

Da wäre zum Beispiel die liebe Annabelle. Eine kleine Boxerhündin. Die hat mir schon bei unserer ersten Begegnung den Kopf verdreht, wie sie da so vor mir herum getänzelt ist. Aber das mit den Damen ist nicht so einfach. Erst geizen sie nicht mit ihren Reizen, sind zuckersüß und wenn man sich dann vorsichtig nähert, wird man angefaucht. Da soll sich noch wer auskennen, was die eigentlich wollen. Auf jeden Fall habe ich mit der Annabelle immer eine Menge Spaß. Wir flitzen oft den Weg entlang, und auch ein gemeinsames Bad in der Ingering ist schon zustande gekommen. Das Wichtigste aber ist, dass wir uns sehr mögen. Liebe, glaub' ich ehrlich gesagt, ist es nicht, aber eine gute Freundschaft, das ist doch auch etwas ganz Besonderes.

Dann hätten wir da noch die zwei Dalmatinerdamen Mila und Lani, die ich hin und wieder bei meinem Morgenbad treffe. Die zwei schauen einfach so zuckersüß aus mit ihren schwarzen Tupfen auf dem weißen Fell. Die sind so was von quirlig, da habe ich keine Meter. Die schießen durch die Gegend, dass mir gleich so die Ohrlis wackeln. Schaue ich nach rechts, kommt eine von links dahergeflogen, will ich nach links, überholt mich eine rechts. Da sind wir vom Naturell her schon recht unterschiedlich, ich mag's nämlich eher gemütlich. Auseinanderhalten kann ich die zwei auch nicht so recht. Da sie nämlich nie still stehen können, ist's für mich extrem schwierig, die schwarzen Farbtupfen auf ihrem Fell zu zählen oder unterscheidende Muster zu erkennen. Aber was soll's. Für mich schauen sie aus wie Zwillinge, mit denen es sich wunderbar spielen lässt. Wenn sie nur nicht so zappelig wären.

So allgemein betrachtet, habe ich bei meinen Dates recht wenig Interesse an Herrchen und seinen Kommandos. Da klapp ich meine beiden Ohren zu und schalte auf Durchzug. Was links rein kommt, geht rechts ungehindert wieder raus. Dafür steigt meine Aufmerksamkeit für das weibliche Geschlecht in diesen Momenten ins Unermessliche. Das Wichtigste ist, sich von seiner besten Seite zu präsentieren. Da habe ich natürlich Vorteile, die mir Herrchen durch seinen Beruf als Werbeprofi wohl unbewusst beigebracht hat. Man will schließlich keine Mogelpackung sein. Also heißt es erst mal die Zielgruppe definieren oder anders ausgedrückt: Welche potenzielle Kandidatinnen kommen in Betracht? Dann den zeitlichen Rahmen aufbauen, das heißt: Wie viel Zeit soll ich in mein Balzverhalten stecken? Und drittens muss ich mich auch noch perfekt positionieren, was mir bei meiner Erscheinung nicht schwer fallen sollte. Last but not least sollte ich meine Strategie überdenken. Gut erzogen, charmant und klug, das wäre vielleicht ein erfolgverspre-chender Ansatz. Vorbereitung ist also alles. Man will ja nicht immer einen Korb bekommen. Und schließlich habe ich ja auch einen Ruf zu verlieren.

Wie man sich bettet, so liegt man

Manchmal verpenne ich ja fast den ganzen Tag, vor allem dann, wenn mich meine beiden wieder einmal so richtig gefordert haben. Das geht dann schon an die Substanz, die Muskeln schmerzen und die Anstrengung steckt mir noch in den Gliedern. Vor allem wenn's draußen wieder mal viel zu heiß für mich ist, besteht meine Hauptbeschäftigung im erholsamen Dösen. Das hat was, das kann ich euch sagen. Ist nur zu empfehlen. Aber es war schon eine echte Krux, meine Liegestättenauswahl. Mal hat's da gedrückt, dann wieder dort. Und wenn das schon als Jungspund der Fall ist, wie geht's mir dann erst, wenn ich in die Jahre komme? Rückenschmerzen, Verspannungen, Schlafstörungen, Müdigkeit? Sicher nicht. Mittlerweile habe ich herausgefunden wie und vor allem wo es sich am besten schläft.

Ich bin ja kein Liebhaber dieser klassischen Hundebetten. Meine beiden Lieblinge konnten das ja nicht wissen und haben mir, ich glaube insgesamt drei dieser Dinger gekauft. Als ich noch ein Zwutschgi war, bin ich nicht gescheit reingekommen und schon am dicken Wulst gescheitert. So halb drinnen, halb draußen zu liegen, war jetzt auch nicht gerade schlaffördernd. Mei, das hat mich immer so was von geärgert. Da bin ich dann wie ein Käfer auf dieser Wurscht gehangen, nicht vor und zurück gekommen und an Schlaf war auch nicht zu denken. Und was passiert, wenn ich mich ärgere? Genau. Ich hab' die Betterln in die Mangel genommen und einfach in ihre Einzelteile zerlegt. Als ich größer wurde habe ich die Wulst-Hürde zwar spielend leicht überwunden, aber dann war's mir wieder zu warm drinnen. Interessant wurden diese Betterln nur dann für mich, wenn es sich mein Beaglefreund Lou darin bequem gemacht hat. Dann wollt' ich auch unbedingt hinein, ich glaub' aber nur um ihm zu zeigen, dass das meins ist und um den großen Macker raushängen zu lassen. Aber grundsätzlich sind die Hundebetten einfach nicht mein Ding. Das mussten auch mein Herrchen und Frauchen schließlich einsehen. Dann kam Versuch Nummer zwei: Herrchen hatte nämlich gelesen, dass wir Hunderln gerne erhöht liegen. So wurde ich stolzer Besitzer einer Art Hundeliegestuhls. Frauchen war begeistert, weil ihr geliebter Saugroboter unten durch fahren kann. Ihr wisst ja, sie leidet am Bodenputzsyndrom. Eh schon eine ernstzunehmende Verhaltensanomalie, die ich durch die Wahl meines Bettchens nicht noch verstärken wollte. Frauchen ist nämlich mein Ein und Alles und da schau ich natürlich, dass es ihr gut geht und sie sich nicht auch noch über meinen Dreck ärgern muss. Soweit das halt möglich ist. Diese Hochbetten sind echt nicht übel, sie sind nämlich recht luftig und kühlen daher angenehm. Und nix drückt, die sind meine Favoriten.

Und da wären dann noch meine sogenannten natürlichen Schlafstätten, allen voran mein Rattan-Dreier-Sofa auf der Terrasse. Ich habe schon einmal kurz davon erzählt. Das ist, beziehungsweise war es, ein Hit. Da war meine Beschäftigungstherapie nämlich gleich integriert. In mühevoller Kleinarbeit habe ich über Monate hinweg am Geflecht der Garnitur gearbeitet. Nicht, dass mir dieses Plastikzeugs geschmeckt hätte, aber es war einfach megalustig die einzelnen Binsen, eine nach der andern, herauszuziehen. Was allerdings keiner vermutet hat, auch nicht mein Frauchen, war, dass ich eines Tages wieder einmal in einem Schub grenzenlosen Übermuts meine eigene Bank zerstört habe. Jetzt habe ich den Scherb'n auf. Mein Gott, was bin ich denn nur für ein Trottel? Jetzt hab' ich in mein Rattansofa ein riesengroßes Loch gebissen und mich um meinen gemütlichen abendlichen Rückzugsort gebracht. Ich glaub' echt, manchmal wär's für mich besser, meine zwei Lieblinge wären hin und wieder etwas strenger mit mir, zumindest beim Rattan. Obwohl, so eine eigene Roni-Note müssen meine Liegen schon haben. Das heißt, zartes Anknabbern an den Ecken und eine entsprechende Schmutzschicht muss erlaubt sein. Damit ihr's nur wisst!

Einer meiner Favorits im Sommer ist eindeutig der kühle Fliesenboden. Da engt auch nichts ein und man kann so richtig genüsslich schlunzen. Bis? Bis der lästig laute Saugroboter oder der wie ein Indianer sich anschleichende Automatikwischer wieder sein Unwesen treibt und mich aus meinen Träumen reißt. Mei, wie ich die zwei Dinger hasse. Da hilft aber nichts, die muss ich wohl oder übel erdulden. Aber nur, weil Frauchen an den beiden Putzmaschinen so eine Freude hat.

In letzter Zeit habe ich mir auch noch ein Geheimplatzerl zwischen unserem Mistübel und der Eibenhecke reserviert. Sauber ist's dort nicht gerade, aber es hat so seine Vorteile. Ich sag' euch, da ist's sogar bei Affenhitze echt angenehm kühl. Allerdings stinkt mir dort der Mist manchmal zu viel. Aber ich habe so jeden im Auge, der an unserem Grundstück vorbeigeht, was ich - ich gestehe - auch hin und wieder lautstark kommentiere, vor allem dann, wenn ein anderer Hund mit dabei ist. Schließlich bin ich ja ein Wachhund und muss auf unseren Garten und unser Haus aufpassen. Rein zu uns traut sich da keiner mehr, wenn ich mich am Zaun so richtig aufbaue. Das könnt's mir glauben. Ein weiterer nicht zu verachtender Vorteil dieses Platzerls ist, dass ich sofort sehe, wenn einer meiner Lieben nach Hause kommt. Der wird dann immer schwanzwedelnd und voller Freude begrüßt. Und sie freuen sich auch sehr, das merke ich. Da werde ich gleich mal so richtig herzhaft durchgeknuddelt.

Ja und dann gibt's natürlich noch mein Kindersofa im Büro. Eigentlich habe ich Sofaverbot, weil ich immer so ein Wilder bin und schon so manches angeknabbert habe. Aber auf das kleine

Schwarze in der Firma meines Herrchens darf ich rauf. Und das ist so richtig schön bequem, nicht zu hart und nicht zu weich. Und ich habe da alles im Büro im Blick. Meine zwei Ersatzfrauchen Birgit und Verena und, wenn ich mich ein wenig strecke, sehe ich auch rein in Herrchens Zimmer. Perfekt! Jetzt kommt es aber natürlich nicht nur auf das Untendrumherum an, wesentlich für einen erholsamen Schlaf ist ja auch die Liegeposition. Ich bevorzuge meistens die Rückenlage mit Beinchen in der Höh'. Die haben mich echt ausgelacht, weil ich immer so merkwürdig daliege. Diese Position ist aber mega entspannend, leider kippt man allerdings so leicht zur Seite. Jetzt habe ich mich umgestellt. Wenn wer neben mir ist und mich vielleicht auch noch beobachtet, bevorzuge ich eine gesellschaftsfähige Liegeposition. Nämlich Vorderbeinchen ausgestreckt und meinen Kopf dazwischen gelümmelt, oder ich gehe in die Seitenschläferposition. Aber wenn ihr alle weg seid, geh' ich wieder in meine Beinchen-Hoch-Stellung und träume von medium gebratenen Steaks, von zart rosa gedünsteter Rindsleber oder sexy Hundedamen.

Muss das sein? Schon wieder Schule

Dass ich nicht der absolute Hundeschule-Fan bin, habe ich euch ja schon erzählt. Das läuft mir dort alles zu geordnet ab. Da gibt's kein Schwätzen mit meinem Nachbarn, nicht einmal Hallo sagen darf man. Immer heißt's „Sitz", „Platz", „Fuß" und so weiter und so fort. Aber Herrchen und Frauchen meinen, es hilft nix. Ich sei eben noch ein ziemlich unerzogener Bengel, der oft nicht weiß, wie er sich zu benehmen hat. Na, so was? Sicher weiß ich es, ich hänge es bloß nicht an die große Glocke. Was glaubt denn ihr? Aber es hilft kein Jammern und kein Zetern, der Begleithundekurs steht an. Das Einzige, was mich einigermaßen bei Laune hält, ist, dass ich ihn mit meinem Frauchen absolvieren kann. Nicht, dass ich meinen Grundkurs mit Herrchen schlechtreden will, aber Schule mit Frauchen ist schon etwas ganz Besonderes. Und bei Frauchen werde ich sicherlich mehr lernen. Weil, ich kann euch sagen, sie ist eindeutig die Schärfere von meinen beiden Lieblingen. Ich verspreche ich werde ein ganz gelehriger, fleißig übender Hund sein. Schließlich will ich mit Herrchen Kunden besuchen und wenn ich mich da aufführe, wirft das kein gutes Bild auf mein Herrl.

Der Beginn des BGH-Kurses war so im Großen und Ganzen eh ziemlich in Ordnung. Das Einzige, wo ich mich am Hundeplatz nicht so ganz unter Kontrolle habe, ist eh ein altes leidiges Thema. Da treffe ich nämlich meine alten Bekannten aus dem Grundkurs wieder, den Diego, die Eyla und die Gilla, mit denen ich mich ja so gut verstehe und dann darf ich sie nicht einmal begrüßen. Kein Willkommensbeller, kein Beschnuppern, geschweige denn ein kurzes Spielchen ist da erlaubt. Wie schon gesagt, da heißt es „Habt acht!" und „Schritt marsch". Eins, zwei, eins, zwei. Tja, da kann man wohl nichts machen, der Ernst des Lebens hat mich wieder eingeholt und voll im Griff. Wäre ja wirklich zu schön gewesen, die Vorstellung von Dauerferien.

Nachdem Herrchen und Frauchen in meinen Hundeschulferien auch nicht so konsequent beim Trainieren mit mir waren, hatte ich schon alle Pfoten voll zu tun. Futtertreiben stand da wieder am Programm. Was war das schnell noch einmal? Ach ja, meiner medium gedünsteten Leber nachzulaufen. Und dann wieder Platz und Sitz. Geht ja recht gut. Hätte ich nicht gedacht, dass ich das noch drauf hab. So im Nachhinein muss ich ja jetzt schon zugeben, dass mein Herrchen und natürlich unser lieber Reinhard mir das recht gut eingetrichtert haben. Was soll ich jetzt machen? Ablegen? Jetzt steh' ich aber wirklich auf der Leitung? Was war denn das noch? Frauchen hat mir jedoch schnell auf die Sprünge geholfen und mich dezent, aber doch entschieden, auf den Boden gedrückt. Kann sie ja gleich sagen, dass ich Platz gehen soll. Puhh, und warm ist's heute auch schon wieder. Mein klassisches Hundetrainierwetter: 26 Grad im Schatten und kein Wölkchen am Himmel. Wie ich das liebe! Das Gute an dieser ersten Einheit war, dass sie nach dreißig Minuten beendet wurde. Ich muss allerdings schon zugeben, der Kurs hat mir wider Erwarten richtig getaugt. Ich meine, dass mein Können zwar noch ein wenig perfektioniert werden muss, aber ein guter, nein, ein sehr guter Ansatz ist schon da. Es ist sozusagen noch Luft nach oben, aber so für den Anfang finde ich mich schon ziemlich ok. Ich muss das aber nicht groß raushängen lassen, wie das so viele andere machen. Von den Selbst-auf-die-Schulter-Klopfern gibt es ja schon genug, ein wahrer Könner schweigt und genießt. In diesem Sinne freue ich mich, selbstbewusst wie ich bin, auf den Kurs. Und es wäre ja gelacht, wenn mein Frauchen und ich das in zweieinhalb Monaten nicht gebacken bekommen, um bei der Abschlussprüfung auch eine perfekte Figur machen zu können.

Jetzt kommt Herrchen ans Wort

Gestatten. Meine Name ist Jörg. Ich durfte die skurrilen Lebens-gewohnheiten unseres lieben Vierbeiners Roni in diesem Büchlein niederschreiben. Bei den vielen Streichen, die er so anstellt, könnte man meinen, unser Hund darf alles. Alles darf er nicht, da kann ich Sie beruhigen. Aber er ist genau so, wie sich meine Frau und ich einen Hund wünschen. Ein treuherziger pelziger Freund, den wir lieben und der mit uns durchs Leben geht. Meine lieben Leser, ich bin der festen Überzeugung: Hund soll Hund bleiben und keine übertrainierte Marionette sein, die herumläuft wie ein Dressurpferd. Das bedeutet nicht, dass unser Roni keine Erziehung bekommt. Manchmal ist schon eine etwas strengere, konsequente Hand not-wendig, um unseren lieb gewonnen Pelzebuben in seinem Übermut ein wenig bremsen zu können. Dass uns das nicht immer, oder ehrli-cherweise meistens nicht auf Anhieb gelingt, haben Sie sicher auch schon gemerkt. Daher finde ich es sehr wichtig sich professionelle Unterstützung zu suchen. Bei einem Hundecoach und auch in einer Hundeschule. Wir haben in unserem Reinhard einen überaus erfah-renen Coach gefunden, der uns, die wir am anderen Ende der Leine stehen, zeigt, wie ein Hund denkt und wie man Hund entsprechend behandelt. Schließlich wollen auch wir einen gut erzogenen Vier-beiner um uns haben, der nicht jeden Besucher vor Freude gleich anspringt, um ihn von oben bis unten abzuschlecken. Zu gut erzo-gen sollte er allerdings auch nicht werden, denn wer liefert uns dann weitere lustige Hundegeschichten?
Roni ist unser erster Hund und wir haben in ihm einen gelehrigen Vierbeiner an unserer Seite. Eigentlich ist er ja Herrchens Hund, denn Frauchen ist auf die beste Idee ihres Lebens gekommen und hat Herrchen damit einen Kindheitstraum zu seinem fünfzigsten Geburtstag erfüllt. Und unser Roni darf natürlich auch mal etwas

anstellen. Ja, Sie haben richtig gelesen, er darf das. Meine persönliche Meinung ist, dass es an jedem Hundehalter selbst liegt, was sein vierbeiniger Freund nun darf und was nicht. Was für den einen in Ordnung geht und nicht als Malheur betrachtet wird, kann für einen anderen Hundebesitzer ein absolutes No-Go sein. Generalisieren kann man hier nicht, das muss jeder für sich selbst entscheiden. „Man kann auch ohne Hund leben, aber es lohnt sich nicht", heißt es und dem kann ich nur voll und ganz zustimmen. Es ist unglaublich wie schnell man sich an den neuen Mitbewohner gewöhnt, wie man sich freut, wenn er einen am Morgen schwanzwedelnd begrüßt oder abends schon beim Zaun wartet, wenn man nach Hause kommt. Ich möchte unseren Roni auf keinen Fall mehr missen. Persönlich habe ich oft über Menschen den Kopf geschüttelt, die Ihren Vierbeiner als vollwertiges Familienmitglied betrachten. Ich wurde schnell eines Besseren belehrt, Hündchen wächst einem nämlich äußerst rasch ans Herz. Nicht nur Hund lernt viel von uns, auch wir lernen ein ganze Menge von ihm. Man lässt zum Beispiel nichts mehr in Hundehöhe herumstehen, Ordnung wird zum obersten Gebot. Man lernt zum Chefhund zu werden, zum Rudelführer, damit sein Liebling entspannt einfach nur Hund sein kann und Mensch Freude am Hündchen hat.

„Freude an einem Hund haben Sie erst, wenn Sie nicht versuchen, aus ihm einen halben Menschen zu machen. Ziehen Sie stattdessen doch einmal die Möglichkeit in Betracht, selbst zu einem halben Hund zu werden", meinte der bekannte amerikanische Autor Edward Hoagland. Ein wahres Wort. Wir geben uns Mühe unseren Vierbeiner nicht zu sehr zu vermenschlichen. Auch wenn wir noch kläglich am Bellen scheitern, versuchen wir doch nach Hunde-Art mit ihm zu kommunizieren. Freuen Sie sich, dass auch das in vielen Situationen in die Hose geht und so noch unzählige weitere Roni-Geschichten nach sich ziehen wird.